U0616561

四川省工程建设地方标准

四川省城市综合管廊工程技术规范

Technical code for urban utility tunnel engineering
in Sichuan Province

DBJ51/T077－2017

主编单位： 四川西南交大土木工程设计有限公司
批准部门： 四 川 省 住 房 和 城 乡 建 设 厅
施行日期： 2 0 1 7 年 9 月 1 日

西南交通大学出版社

2017　成　都

图书在版编目（ＣＩＰ）数据

四川省城市综合管廊工程技术规范 /四川西南交大土木工程设计有限公司主编. —成都：西南交通大学出版社，2017.10

（四川省工程建设地方标准）

ISBN 978-7-5643-5846-4

Ⅰ. ①四… Ⅱ. ①四… Ⅲ. ①市政工程 – 管道工程 – 技术规范 – 四川 Ⅳ. ①TU990.3-65

中国版本图书馆 CIP 数据核字（2017）第 261897 号

四川省工程建设地方标准

四川省城市综合管廊工程技术规范

主编单位　四川西南交大土木工程设计有限公司

责 任 编 辑	姜锡伟
助 理 编 辑	王同晓
封 面 设 计	原谋书装
出 版 发 行	西南交通大学出版社 （四川省成都市二环路北一段 111 号 西南交通大学创新大厦 21 楼）
发 行 部 电 话	028-87600564　028-87600533
邮 政 编 码	610031
网 　 　 址	http://www.xnjdcbs.com
印 　 　 刷	成都蜀通印务有限责任公司
成 品 尺 寸	140 mm×203 mm
印 　 　 张	6.625
字 　 　 数	167 千
版 　 　 次	2017 年 10 月第 1 版
印 　 　 次	2017 年 10 月第 1 次
书 　 　 号	ISBN 978-7-5643-5846-4
定 　 　 价	43.00 元

各地新华书店、建筑书店经销
图书如有印装质量问题　本社负责退换
版权所有　盗版必究　举报电话：028-87600562

关于发布工程建设地方标准
《四川省城市综合管廊工程技术规范》的通知

川建标发〔2017〕430号

各市州及扩权试点县住房城乡建设行政主管部门，各有关单位：

由四川西南交大土木工程设计有限公司主编的《四川省城市综合管廊工程技术规范》已经我厅组织专家审查通过，现批准为四川省推荐性工程建设地方标准，编号为：DBJ51/T077－2017，自2017年9月1日起在全省实施。

该标准由四川省住房和城乡建设厅负责管理，四川西南交大土木工程设计有限公司负责技术内容解释。

四川省住房和城乡建设厅
2017年6月22日

前　言

本规范是根据四川省住房和城乡建设厅《关于下达工程建设地方标准〈四川省城市综合管廊工程技术规范〉编制计划的通知》（川建标发〔2016〕56 号）的要求，由四川西南交大土木工程设计有限公司会同有关单位共同编制完成。

标准编制组经广泛调查研究，认真总结实践经验，参考有关国际和国内先进标准，并在广泛征求意见的基础上，制定本规范。

本规范共分 15 章和 1 个附录，主要技术内容是：总则；术语和符号；基本规定；规划；勘察；总体设计；结构设计总则；明挖法结构设计；盾构法与顶管法结构设计；矿山法结构设计；近接工程设计；管线设计；附属设施设计；施工与验收；维护管理。

本规范由四川省住房和城乡建设厅负责管理，由四川西南交大土木工程设计有限公司负责具体技术内容的解释。执行过程中如有意见或建议，请寄送四川西南交大土木工程设计有限公司（地址：成都市二环路北一段 111 号西南交通大学创新大厦，邮编：610000，电话：028-87600952，E-mail：jdtm@jdtm.com.cn）

主 编 单 位： 四川西南交大土木工程设计有限公司

参 编 单 位： 西南交通大学

中国市政工程西南设计研究总院有限公司

四川省建筑设计研究院
四川省城乡规划设计研究院
成都建工路桥建设有限公司
广东冠粤路桥有限公司
中国水利水电第七工程局有限公司
中国五冶集团有限公司
中煤科工集团重庆研究院有限公司
中国电建集团成都勘测设计研究院有限公司
四川天府新区成都管理委员会规划建设和城市
管理局
成都市天府新区建设工程质量安全监督站

主要起草人：谢尚英　仇文革　郑余朝（以下按姓氏笔画排列）

王　科　王　翔　王　璇　王树林
王海彦　王朝伦　邓江云　冯　伟
白永学　孙克国　许炜萍　汤朝明
陈　东　陈　刚　陈　庆　何　畏
张　勇　冷　彪　李守华　李兴林
肖敬龙　余德彬　罗　剑　林三忠
罗建林　贺　刚　柳　华　胡　斌
赵仕兴　赵忠富　郭青峰　黄　伟
龚　伦　黄　晖　章慧健　蒋雅君
曾艳华

主要审查人：马庭林　胖　涛　康景文　李晓岑
黄建熙　孔　川　张　敏　杨　庆
竺　成

目　次

Contents

13

1 总 则

1.0.1 为集约利用城市建设用地，提高城市工程管线建设安全与标准，统筹安排城市工程管线在综合管廊内的敷设，使城市综合管廊工程建设做到安全适用、经济合理、技术先进、便于施工和维护，制定本规范。

1.0.2 本规范适用于四川省新建、扩建、改建城市综合管廊工程的规划、勘察、设计、施工、验收和维护管理。

1.0.3 综合管廊工程建设应遵循"规划先行、适度超前、因地制宜、统筹兼顾"的原则，充分发挥综合管廊的综合效益。

1.0.4 综合管廊工程的规划、勘察、设计、施工、验收及维护管理，除应符合本规范外，尚应符合国家现行有关标准的规定。

2 术语和符号

2.1 术 语

2.1.1 综合管廊　utility tunnel

建于城市地下用于容纳两类及以上城市工程管线的构筑物及附属设施。

2.1.2 干线综合管廊　trunk utility tunnel

用于容纳城市主干工程管线，采用独立分舱方式建设的综合管廊。

2.1.3 支线综合管廊　branch utility tunnel

用于容纳城市配给工程管线，采用单舱或双舱方式建设的综合管廊。

2.1.4 缆线管廊　cable trench

采用浅埋沟道方式建设，设有可开启盖板但其内部空间不能满足人员正常通行要求，用于容纳电力电缆和通信线缆的管廊。

2.1.5 城市工程管线　urban engineering pipeline

城市范围内为满足生活、生产需要的给水、雨水、污水、再生水、天然气、热力、电力、通信等市政公用管线，不包含工业管线。

2.1.6 通信线缆　communication cable

用于传输信息数据电信号或光信号的各种导线的总称，包括通信光缆、通信电缆以及智能弱电系统的信号传输线缆。

2.1.7 明挖法　cut and cover method

由地面挖开的基坑中修筑地下结构的方法。包括明挖、盖挖顺作和盖挖逆作等工法。

2.1.8　矿山法　mining method

借鉴矿山开挖掘进巷道的方法，用钻眼爆破或人工开挖方法开挖坑道来修筑隧道的施工方法。

2.1.9　盾构法　shielding method

用盾构机修筑隧道的暗挖施工方法，为在盾构钢壳体的保护下进行开挖、推进、衬砌和注浆等作业的方法。

2.1.10　顶管法　pipe-jacking method

借助于顶推装置，用支承于基坑后座上的液压千斤顶将管节顶入土层中修建隧道的施工方法。

2.1.11　现浇混凝土综合管廊结构　cast-in-site utility tunnel

采用现场整体浇筑混凝土的综合管廊。

2.1.12　预制拼装综合管廊结构　precast utility tunnel

在工厂内分节段或分片浇筑成型，现场采用拼装工艺施工成为整体的综合管廊。

2.1.13　近接施工　adjacent construction

新建结构物邻近既有结构物施工，并可能对既有结构物产生不利影响的工程称为近接工程，有关近接工程的施工称为近接施工。与隧道有关的近接施工则相应地称为隧道近接施工。

2.1.14　管线分支口　junction for pipe or cable

综合管廊内部管线和外部直埋管线相衔接的部位。

2.1.15　集水坑　sump pit

用来收集综合管廊内部渗漏水或管道排空水等的构筑物。

2.1.16　安全标识　safety mark

为便于综合管廊内部管线分类管理、安全引导、警告警示等而设置的铭牌或颜色标识。

2.1.17　舱室　compartment

由结构本体或防火墙分割的用于敷设管线的封闭空间。

2.1.18　喷锚支护　shotcrete and rockbolts supporting

隧道开挖后用喷射混凝土、锚杆、钢筋网进行支护，不设二次衬砌的隧道支护形式，围岩软弱地段也可辅以钢拱架支护。

2.1.19　复合式衬砌　composite lining

由喷锚初期支护和模筑混凝土二次支护形成的隧道支护形式。

2.1.20　监控量测　monitoring measurement

为保障隧道施工安全与优化支护参数，在隧道内或地表，对地层及支护结构的变形与应力进行量测、分析与评价的活动。

2.1.21　建筑信息模型（BIM）　building information modeling

全寿命期工程项目或其组成部分物理特征、功能特性及管理要素的共享数字化表达。

2.2　符　号

2.2.1　材料性能

f_{py}——预应力筋或螺栓的抗拉强度设计值。

2.2.2　作用和作用效应

M——弯矩设计值；

M_j——预制拼装综合管廊节段横向拼缝接头处弯矩设计值；

M_k——预制拼装综合管廊节段横向拼缝接头处弯矩标准值；

M_z——预制拼装综合管廊节段整浇部位弯矩设计值；

N——轴力设计值；

N_j——预制拼装综合管廊节段横向拼缝接头处轴力设计值；

N_z——预制拼装综合管廊节段整浇部位轴力设计值。

2.2.3 几何参数

A——密封垫沟槽截面面积；

A_0——密封垫截面面积；

A_p——预应力筋或螺栓的截面面积；

c——钢筋的混凝土保护层厚度；

h——截面高度；

x——混凝土受压区高度；

θ——预制拼装综合管廊拼缝相对转角。

α——曲线顶管相邻管节之间接口的控制允许转角；

R_{min}——曲线顶管最小曲率半径；

l——顶管预制管节长度；

D_0——顶管管道外径；

ΔS——相邻管节之间接口允许的最大间隙与最小间隙之差。

2.2.4 计算系数及其他

K——旋转弹簧常数；

α_1——混凝土强度等级相关的折减系数；

ζ——拼缝接头弯矩影响系数；

σ——弹性抗力的强度；

k——围岩弹性抗力系数；

δ——结构朝向围岩的变形值。

3 基本规定

3.0.1 给水、雨水、污水、再生水、天然气、热力、电力、通信等城市工程管线可纳入综合管廊。

3.0.2 综合管廊工程建设应以综合管廊工程规划为依据。

3.0.3 综合管廊工程应结合新区建设、旧城改造、道路新（扩、改）建，在城市重要地段和管线密集区规划建设。

3.0.4 城市新区主干路下的管线宜纳入综合管廊，综合管廊应与主干路同步建设。城市老（旧）城区综合管廊建设宜结合地下空间开发、旧城改造、道路改造、地下主要管线改造等项目同步进行。

3.0.5 综合管廊工程规划与建设应与地下空间、环境景观等相关城市基础设施衔接、协调。

3.0.6 综合管廊应统一规划、勘察、设计、施工和维护，并应满足管线的使用和运营维护要求。

3.0.7 综合管廊应同步建设消防、供电、照明、监控与报警、通风、排水、标识等设施。

3.0.8 综合管廊工程规划、勘察、设计、施工和维护应与各类工程管线统筹协调。

3.0.9 综合管廊工程设计应包含总体设计、结构设计、附属设施设计等，纳入综合管廊的管线应进行专项管线设计。

3.0.10 纳入综合管廊的工程管线设计应符合综合管廊总体设计的规定及国家现行相应管线设计标准的规定。

3.0.11 综合管廊防灾应根据防灾对象、重要程度以及危害程度采取相应的防灾标准和措施。

3.0.12 综合管廊设计、施工和运营维护宜采用建筑信息模型（BIM）技术。

3.0.13 综合管廊工程主体结构、管线、附属设施的设计使用年限应按下列规定选用：

  1 主体结构和运营期不可更换的结构构件及其预埋件，应按设计使用年限 100 年进行耐久性设计；

  2 运营期间可以更换的次要结构构件，宜按设计使用年限不低于 50 年进行耐久性设计；

  3 临时结构宜根据其使用性质和结构特点确定其使用年限；

  4 管线系统除有专业规范规定且确实不能达到外，宜按设计使用年限不低于 50 年进行耐久性设计。

3.0.14 综合管廊工程所采用的新材料、新技术、新工艺应符合设计要求，并经过试验、检测和鉴定合格后应用。

4 规　划

4.1　一般规定

4.1.1　综合管廊工程规划应符合城市总体规划要求，规划年限应与城市总体规划一致，并应预留远景发展空间。

4.1.2　综合管廊工程规划应与城市地下空间规划、工程管线专项规划及管线综合规划相衔接。

4.1.3　综合管廊工程规划应坚持因地制宜、远近结合、统一规划、统筹建设的原则。

4.1.4　综合管廊工程规划应集约利用地下空间，统筹规划综合管廊内部空间，协调综合管廊与其他地上、地下工程的关系。

4.1.5　综合管廊工程规划应包含布局、位置、断面、安全防灾、建设时序、投资估算、保障措施等主要内容。

4.1.6　综合管廊工程规划的分期建设规划应与新区开发、旧城改造、地铁建设等地下空间开发规划相统筹。

4.2　布　局

4.2.1　综合管廊布局应与城市功能分区、地下空间布局、建设用地布局和道路系统规划相适应。

4.2.2　综合管廊工程规划应结合城市地下管线现状，在城市地下空间利用、海绵城市、道路交通、轨道交通、人防建设、防洪排涝、给水、雨水、污水、再生水、天然气、热力、电力、通信等专项规划以及地下管线综合规划的基础上，确定综合管廊的布局。

4.2.3 综合管廊应与地下交通、地下商业开发、地下人防设施及其他相关建设项目协调。

4.2.4 综合管廊宜分为干线综合管廊、支线综合管廊及缆线管廊。

4.2.5 市政公用管线遇到下列情况之一时，宜采用综合管廊形式规划建设：

    1 交通运输繁忙或地下管线较多的城市主干道以及配合轨道交通、地下道路、城市地下综合体等建设工程地段；

    2 城市核心区、中央商务区、地下空间高强度成片集中开发区、重要广场、主要道路的交叉口、道路与铁路或河流的交叉处、过江隧道等；

    3 道路宽度难以满足直埋敷设多种管线的路段；

    4 重要的公共空间；

    5 不宜开挖路面的路段。

4.2.6 综合管廊平面线形宜与所在道路平面线形一致，平面位置布置应考虑与邻近建（构）筑物的相互影响。

4.2.7 综合管廊应设置监控中心，监控中心宜与邻近公共建筑合建，建筑面积应满足使用要求。

4.3 位 置

4.3.1 综合管廊竖向位置应满足城市地下空间综合利用规划的要求，根据道路断面、地下管线和地下空间利用情况等因素综合确定。

4.3.2 干线综合管廊宜设置在道路绿化带、机动车道下，支线综合管廊宜设置在道路绿化带、人行道或非机动车道下，缆线管廊宜设置在人行道下。

4.3.3 综合管廊的覆土深度应根据地下设施竖向规划、行车荷载、绿化种植及设计冻深等因素综合确定。

4.3.4 综合管廊宜按下列原则进行竖向交叉避让：

    1 管廊与非重力流管道交叉时，非重力流管道避让管廊；

    2 管廊与重力流管道交叉时，经过技术经济比较后确定避让方案；

    3 管廊穿越河道时，宜经景观、技术经济比较后，采取从河道下部穿越或管桥跨越等方法。

4.4 断 面

4.4.1 综合管廊断面形式应根据纳入管线的种类及规模、占地情况、道路交通状况、地质条件、施工方法等综合确定，宜预留适当的管位空间，适应城市的发展要求。

4.4.2 综合管廊断面应满足管线安装、检修、维护作业所需要的空间要求。

4.4.3 综合管廊内的管线布置应根据纳入管线及其附属设施的种类、规模及周边用地性质统筹确定。

4.4.4 天然气管道应在独立舱室内敷设。

4.4.5 热力管道采用蒸汽介质时应在独立舱室内敷设。

4.4.6 热力管道不应与电力电缆同舱敷设。

4.4.7 110 kV 及以上电力电缆，宜单独成舱；与通信电缆同舱布置时，不应同侧布置。

4.4.8 给水管道与热力管道同侧布置时，给水管道宜布置在热力管道下方。

4.4.9 进入综合管廊的排水管道应采用分流制。雨水纳入综合管廊可利用结构本体或采用管道排水方式，污水纳入综合管廊应采用管道排水方式；污水管道宜设置在综合管廊的底部。

4.4.10 电力电缆、通信电缆、给水管、天然气管等标准断面、标准配置及布置要求还应符合现行国家相关规范的要求。

5 勘　察

5.1　一般规定

5.1.1　综合管廊工程勘察宜按可行性研究勘察、初步勘察和详细勘察三阶段开展工作，并根据施工阶段的需要进行施工勘察。

5.1.2　应根据不同的勘察阶段、工程的类别和重要性、场地和岩土工程条件复杂程度和设计要求确定管廊工程的勘察方案，并提交勘察成果。

5.1.3　勘察前应根据不同勘察工作阶段要求取得下列图纸、技术资料：

1　综合管廊总平面布置图；

2　综合管廊纵断面图、横断面图，可能采取的施工方法；

3　综合管廊周边环境状况。

5.1.4　综合管廊工程勘察应为管廊选线、施工方法选择、地基基础设计、地基处理加固、开挖和支护、降水排水设计提供相应的岩土工程设计参数及相关建议。

5.1.5　综合管廊工程勘察，尚应符合国家现行有关勘察标准的规定。

5.2　勘察要求

5.2.1　可行性研究勘察应以搜集资料、现场踏勘调查为主，辅以必要的勘探测试工作。

5.2.2 可行性研究勘察应符合下列要求：

1 根据工程特点及工程地质条件，评价场地的稳定性和适宜性，并评价比选方案；

2 初步评价不良地质作用类型及其分布范围和影响；

3 在特殊性岩土分布的区域，初步评价其工程特性及不利影响。

5.2.3 初步勘察应采用钻探、井探、坑探等勘察方法，结合必要的工程地质调查测绘、物探等方法，初步查明管廊沿线的工程地质、水文地质条件，评价场地稳定性。

5.2.4 初步勘察应符合下列要求：

1 根据沿线的岩土条件，分析其对管廊敷设的影响，并评价沿线各地段场地稳定性；

2 根据沿线不良地质作用及特殊性岩土的分布区域、性质及发展趋势，初步分析其对管廊的影响，提出防治措施的初步建议；

3 初步提供管廊设计施工相关参数。

5.2.5 初步勘察勘探点间距宜符合表5.2.5的规定。对地质条件复杂的大中型河流地段，应进行钻探；对穿越方案宜布置勘探点。

表 5.2.5 初步勘察勘探点间距 单位：m

场地和岩土条件复杂程度	管廊埋深<5 m 的明挖施工	管廊埋深5 m~8 m 的明挖施工	管廊埋深>8 m 的明挖施工	暗挖施工
一级	75~150	50~100	40~75	30~50
二级	150~250	100~150	75~150	50~75
三级	250~400	150~300	150~250	75~150

5.2.6 初步勘察勘探孔深度应满足基础设计、地下水控制、支护设计及施工的要求，且不小于管廊底设计标高下 5.0 m。采用暗挖施工敷设的管廊，勘探孔深度宜进入管廊底标高下 5 m ~ 10 m。当预定深度内分布软弱夹层时，勘探孔深度应适当增加。

5.2.7 初步勘察取土试样和进行原位测试的勘探孔数量不应少于勘探孔总数的 2/3。

5.2.8 详细勘察应按管廊设计方案、施工工法、设计对勘察的技术要求，提供管廊设计和施工所需要的岩土特性参数及相关建议。详细勘察的勘探孔布置应符合下列规定：

　　1 勘察点的布置宜沿管廊中线布置，因现场条件限制调整时，不宜偏移综合管廊外边线 3.0 m 以上；

　　2 综合管廊走向转角点、管廊交叉节点、附属用房应布置勘探点；

　　3 综合管廊穿越河流时，河床及两岸均应布置勘探点，穿越公路、铁路时，在公路、铁路两侧均应布置勘探点；

　　4 详细勘探点间距宜符合表 5.2.8 的规定。

表 5.2.8　详细勘察勘探点间距　　　　单位：m

场地和岩土条件复杂程度	管廊埋深 <5 m 的明挖施工	管廊埋深 5 m ~ 8 m 的明挖施工	管廊埋深 >8 m 的明挖施工	暗挖施工
一级	10 ~ 30	10 ~ 25	10 ~ 20	10 ~ 20
二级	30 ~ 50	25 ~ 40	20 ~ 30	20 ~ 30
三级	50 ~ 100	40 ~ 75	30 ~ 50	30 ~ 50

5.2.9 详细勘察的勘探孔深度应符合下列规定：

1 勘探孔深度应满足地基开挖、地下水控制、基坑支护设计及施工要求，且应达到管廊底标高以下不少于 5.0 m；

2 当基底下分布有软弱土层、厚层填土及液化土层、岩溶等不良地质条件时，勘察探孔深度应适当加深；

3 当在规定的深度范围内遇见中等风化以上岩层时，勘探孔深度可适当降低。

5.2.10 详细勘察取样孔数量不应少于总勘探孔数的 1/3，原位测试孔和取样孔总数不应少于勘探孔总数的 1/2。

5.2.11 详细勘察应对下列内容进行分析评价：

1 分段评价场地的岩土工程条件，提出岩土工程设计参数，建议适宜的设计、施工方案；

2 分析评价场地的稳定性，不良地质作用、特殊性岩土的分布情况及其对管廊的影响，提供相应的处理措施建议；

3 对采用明挖施工的综合管廊，应提供基坑边坡稳定性计算及基坑支护设计参数建议；

4 分析评价地下水对工程设计、施工的影响，提供地下水控制所需的水文地质参数，分析评价地下水控制方案可能对周边环境产生的影响；

5 采用暗挖法施工时，应提供相应工法的设计、施工所需参数，对稳定性较差的地层及可能产生流砂、管涌、涌水、涌泥的地层，应提出预先加固处理的措施建议；

6 对穿越河床和岸坡的管廊，应分析评价河床、岸坡的稳定性，提供相关措施建议。

6 总体设计

6.1 一般规定

6.1.1 综合管廊平面中心线宜与道路、铁路、轨道交通、公路中心线平行。

6.1.2 综合管廊穿越城市快速路、主干路、铁路、轨道交通、公路、河道时，宜垂直穿越；受条件限制时可斜向穿越，最小交叉角不宜小于 60°，综合管廊穿越河道时应选择在河床稳定的河段。

6.1.3 综合管廊的断面形式及尺寸应根据施工方法及容纳的管线种类、数量、分支等综合确定。断面的大小应保证管道间的合理间距、人员通行巡查和管道维护的空间、布置相关设备的空间，并考虑管道扩容的需求。

6.1.4 综合管廊管线分支口应满足预留数量、管线进出、安装敷设作业和管线转弯预留空间的要求。相应的分支配套设施应同步设计。

6.1.5 含天然气管道舱室的综合管廊不应与其他建（构）筑物合建。天然气管道舱与其他管廊舱室不得连通。

6.1.6 天然气管道舱室与周边建（构）筑物间距应符合现行国家标准《城镇燃气设计规范》GB 50028 的有关规定。

6.1.7 综合管廊设计时，应预留管道排气阀、补偿器、阀门等附件安装、运行、维护作业所需要的空间。

6.1.8 综合管廊顶板处，应设置供管道及附件安装用的吊钩、拉环或导轨。吊钩、拉环相邻间距不宜大于 10 m。

6.1.9 天然气管道舱室地面应采用撞击时不产生火花的材料。

6.1.10 综合管廊外露构筑物的布置与外观应做到与城市景观相协调。

6.1.11 综合管廊工法的选择应结合场地的工程地质、水文地质、环境条件、地下结构的埋深、安全、交通条件、投资和工期等因素，进行技术经济比较后确定。

6.2 平面设计

6.2.1 综合管廊平面应依据规划，结合道路横断面合理布置，其逃生口、吊装口、通风口、人员出入口应设置在道路绿化带或人行道区域。

6.2.2 综合管廊与相邻地下管线及地下构筑物的最小净距应根据地质条件和相邻构筑物性质确定，且应符合表 6.2.2 的规定。

表 6.2.2　综合管廊与相邻地下构筑物的最小净距

相邻情况	施工方法	
	明挖施工	非明挖施工
综合管廊与地下构筑物水平间距最小净距	1.0 m	综合管廊外径
综合管廊与地下管线水平最小净距	1.0 m	综合管廊外径
综合管廊与地下管线（渠）交叉穿越垂直最小净距	0.5 m	1.0 m

6.2.3 综合管廊最小转弯半径，应满足综合管廊内各种管线的转弯半径要求，且不应小于 3 m。

6.2.4 综合管廊的监控中心与综合管廊之间宜设置专用连接通道，通道的净尺寸应满足日常检修通行的要求。

6.2.5 综合管廊与其他方式敷设的管线连接处，应采取密封和防止差异沉降的措施。

6.2.6 综合管廊内电力电缆弯曲半径和分层布置，应符合现行国家标准《电力工程电缆设计规范》GB 50217 的有关规定。

6.2.7 综合管廊内通信线缆弯曲半径应大于线缆直径的 15 倍，且应符合现行行业标准《通信线路工程设计规范》YD 5102 的有关规定。

6.3 纵断面设计

6.3.1 综合管廊的覆土深度应根据敷设位置的地下设施竖向布置情况、荷载情况、绿化种植、地质情况等因素综合确定，并宜满足管线引出或穿越、通风风道设置的需求。

6.3.2 综合管廊纵断面宜结合道路纵断面布置，在穿越道路横向管线、沟渠、河道或其他障碍物处可采用倒虹方式。

6.3.3 综合管廊穿越河道时最小覆土深度应考虑河道整治、冲刷的影响，满足施工方法和综合管廊安全运行的要求，并应符合下列规定：

　　1 在 I～V 级航道下面敷设时，顶部高程应在远期规划航道底高程 2.0 m 以下；

　　2 在 VI、VII 级航道下面敷设时，顶部高程应在远期规划航道底高程 1.0 m 以下；

　　3 在其他河道下面敷设时，顶部高程应在河道底设计高程

1.0 m 以下。

6.3.4 综合管廊内纵向坡度应综合考虑各类管线敷设的要求，容纳高压电力电缆的舱室纵向坡度不宜大于 14%，当配备检修车时不宜大于 10%。

6.3.5 综合管廊内纵向坡度超过 10%时，应在人员通道部位设置防滑地坪或台阶。

6.4 横断面设计

6.4.1 综合管廊采用明挖施工时宜采用矩形断面，采用盾构法施工时宜采用圆形断面，采用矿山法施工时宜采用马蹄形断面。

6.4.2 综合管廊标准断面内部净高应根据入廊管线种类、规格、数量、安装要求综合确定，且不宜小于 2.4 m。

6.4.3 综合管廊标准断面内部净宽应根据容纳的管线种类、数量、运输、安装、运行、维护、预留等要求综合确定。

6.4.4 综合管廊通道净宽，应满足管道、配件及设备运输的要求，并应符合下列规定：

    1 综合管廊内两侧设置支架或管道时，检修通道净宽不宜小于 1.0 m；单侧设置支架或管道时，检修通道净宽不宜小于 0.9 m。

    2 配备检修车的综合管廊检修通道宽度不宜小于 2.2 m。

6.4.5 电力电缆的支架间距应符合现行国家标准《电力工程电缆设计规范》GB 50217 和行业标准《电力电缆隧道设计规程》DL/T 5484 的有关规定。

6.4.6 通信线缆的桥架间距应符合现行行业标准《光缆进线室

设计规定》YD/T 5151 的有关规定。

6.4.7 综合管廊的管道安装净距（图 6.4.7），不宜小于表 6.4.7 中的规定。

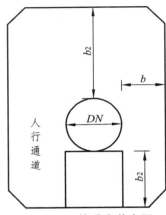

图 6.4.7　管道安装净距

表 6.4.7　管道安装净距　　　　　　　　单位：mm

管道公称直径 DN	铸铁管、螺栓连接钢管			焊接钢管、塑料管		
	a	b_1	b_2	a	b_1	b_2
DN<400	400	400	800	500	500	800
400≤DN<800	500	500			500	
800≤DN<1000	500	500			500	
1000≤DN<1500	600	600		600	600	
DN≥1500	700	700		700	700	

6.5 节点设计

6.5.1 综合管廊的每个舱室应设置人员出入口、逃生口、吊装口、进风口、排风口、管线分支口等。

6.5.2 综合管廊的人员出入口、逃生口、吊装口、进风口、排风口等露出地面的构筑物应满足城市防洪要求，并应采取防止地面水倒灌及小动物进入的措施。

6.5.3 综合管廊人员出入口宜与逃生口、吊装口、进风口结合设置，且不应少于 2 个。

6.5.4 综合管廊逃生口的设置应符合下列规定：

    1 敷设电力电缆的舱室，逃生口间距不宜大于 200 m。

    2 敷设天然气管道的舱室，逃生口间距不宜大于 200 m。

    3 敷设热力管道的舱室，逃生口间距不应大于 400 m。当热力管道采用蒸汽介质时，逃生口间距不应大于 100 m。

    4 敷设其他管道的舱室，逃生口间距不宜大于 400 m。

    5 逃生口尺寸不应小于 1 m × 1 m，当为圆形时，内径不应小于 1 m。

6.5.5 综合管廊吊装口的最大间距不宜超过 400 m。吊装口净尺寸应满足管线、设备、人员进出的最小允许限界要求。当无特殊要求时可采用下列尺寸（长 × 宽）：

    1 高压电力电缆的吊装口尺寸 3.0 m × 1.5 m，中压电力电缆的吊装口尺寸为 3.0 m × 1.2 m；

    2 设有管道的舱室吊装口尺寸 6.5 m ×(管道外径+0.5)m，且最小宽度不小于 0.8 m。

6.5.6 综合管廊进、排风口的净尺寸应满足通风设备进出的最小尺寸要求。

6.5.7 综合管廊通风口应设置雨水排水设施，必要时增设雨水限进设施。

6.5.8 天然气管道舱室的排风口与其他舱室排风口、进风口、人员出入口以及周边建（构）筑物口部距离不应小于 10 m。天然气管道舱室的各类孔口不得与其他舱室连通，并应设置明显的安全警示标识。

6.5.9 综合管廊管线分支口的设置应符合下列要求：

1 应满足各路口、地块的管线种类和数量的预留；

2 应满足综合管廊内部各管线引出的空间需求和管线自身引出的技术要求。

6.5.10 综合管廊交叉口尺寸应满足管线交错布置及转接空间的需求和人员互通的需求。

6.5.11 露出地面的各类孔口盖板应设置在内部使用时易于人力开启，在外部使用时仅专业管理人员可开启的安全装置和措施。

6.6 工法选择

6.6.1 综合管廊施工可采用明挖法或暗挖法。当采用明挖法时，可采用放坡或支护条件下进行现浇或预制拼装施工；当采用暗挖法时，可采用盾构法、顶管法、矿山法等工法。确定综合管廊的施工方法应遵循下列原则：

1 明挖法适用于地面空旷且管廊埋深较浅的地段，当需要减少施工对地面的影响时，可采用盖挖法施工；

2 盾构法适用于土质地层和软岩地层的综合管廊施工，含有大量粗颗粒漂石、块石的地层不宜采用；

    3   矿山法适用于岩石地层或具有一定自稳能力的土质地层中的综合管廊施工；

    4   顶管法适用于土质地层的小断面综合管廊施工；

    5   隧道掘进机法（TBM）适用于岩石地层中的综合管廊施工。

6.6.2   竖井结构可选择围护结构护壁后的明挖法或倒挂井壁法施工。

6.6.3   对于近距离下穿既有铁路、公路、地铁或其他城市轨道交通，以及重要和敏感性构筑物及设施的结构，宜采用暗挖法，并应进行矿山法、盾构法、顶管法和其他工法的比选。

7 结构设计总则

7.1 一般规定

7.1.1 本规范结构设计适用于明挖法、矿山法、盾构法及顶管法施工的结构类型。

7.1.2 综合管廊结构设计应按承载能力极限状态和正常使用极限状态分别进行计算。

7.1.3 综合管廊工程应按乙类建筑物进行抗震设计，并应满足国家现行标准的有关规定。

7.1.4 综合管廊的结构安全等级应为一级，结构中各类构件的安全等级宜与整个结构的安全等级相同。

7.1.5 综合管廊钢筋混凝土结构构件的裂缝控制等级应为三级，结构构件的最大裂缝宽度限值不应大于 0.2 mm，且不得贯通。

7.1.6 综合管廊防水等级标准不应低于二级，并应满足结构的安全、耐久性和使用要求，变形缝、施工缝和预制构件接缝等部位应加强防水和防火措施。

7.1.7 对埋设在历史最高水位以下的综合管廊，应根据设计条件计算结构的抗浮稳定。计算时不应计入管廊内管线和设备的自重，其他各项作用应取标准值，并应满足抗浮稳定性抗力系数不低于 1.05。

7.1.8 综合管廊结构应根据所选用的工法及其对应的结构形式选择适合的荷载组合和结构设计方法。

7.1.9 采用明挖法、盾构法和顶管法施工的综合管廊结构设计应采用以概率理论为基础的极限状态设计方法，应以可靠指标度量结构构件的可靠度。除验算整体稳定外，均应采用含分项系数的设计表达式进行设计。

7.1.10 采用矿山法施工的综合管廊结构设计应根据使用要求、工程地质和水文地质条件、围岩级别、综合管廊埋置深度、结构受力特点，并结合工程施工条件、环境条件，通过工程类比和结构计算综合分析确定。在施工阶段，还应根据现场监控量测调整支护参数，必要时可通过试验分析确定。

7.1.11 综合管廊结构设计，应充分考虑与周边建（构）筑物的相互影响和作用。

7.1.12 对分期建设的管廊，应合理确定节点结构形式，为远期实施预留条件。

7.1.13 综合管廊结构在工程实施阶段应结合施工监测进行信息化设计，可进一步结合进行使用阶段的结构健康监测。

7.1.14 预制综合管廊结构分块和纵向节段的长度应根据制作、吊装、运输、施工设备、施工方法、受力要求和地质情况等限制条件综合确定。

7.2 材 料

7.2.1 综合管廊工程中所使用的材料应根据结构类型、受力条件、使用要求和所处环境等选用，并应考虑耐久性、可靠性和经济性。主要材料宜采用高性能混凝土、高强钢筋。当地基承载力良好、地下水位在综合管廊底板以下时，可采用砌体材料。

7.2.2 混凝土的原材料和配比、最低强度等级、最大水胶比和每立方混凝土的胶凝材料最小用量等，应符合耐久性要求，满足抗裂、抗渗、抗冻和抗侵蚀的需要。普遍环境条件下的混凝土设计强度等级不得低于表 7.2.2 的规定。

表 7.2.2　普遍环境条件下混凝土的最低设计强度等级

明挖法	整体式钢筋混凝土结构	C35
	装配式钢筋混凝土结构	C40
	作为永久结构的地下连续墙和灌注桩	C35
盾构法、顶管法	装配式钢筋混凝土管片或管节	C50
	整体式钢筋混凝土衬砌	C35
矿山法	喷射混凝土衬砌（临时结构）	C25
	喷射混凝土衬砌（永久结构）	C30
	现浇混凝土或钢筋混凝土衬砌	C35

7.2.3　管廊结构宜采用自防水混凝土，设计抗渗等级应符合表 7.2.3 的规定。

表 7.2.3　防水混凝土设计抗渗等级

管廊埋置深度 H/m	设计抗渗等级
$H < 10$	P6
$10 \leqslant H < 20$	P8
$20 \leqslant H < 30$	P10
$H \geqslant 30$	P12

注：1　当采用矿山法施工，埋深大于 30 m 的综合管廊设计抗渗等级可为 P10。

　　2　盾构管片防渗等级不小于 P10。

7.2.4 用于防水混凝土的水泥应符合下列要求：

1 水泥品种宜选用硅酸盐水泥、普通硅酸盐水泥；

2 在受侵蚀性介质作用下，应按侵蚀性介质的性质选用相应的水泥品种。

7.2.5 用于防水的混凝土的砂、石应符合国家现行标准《普通混凝土用砂、石质量及检验方法标准》JGJ 52 的有关规定。

7.2.6 混凝土可根据工程需要掺入减水剂、膨胀剂、防水剂、密实剂、引气剂、复合型外加剂及水泥基渗透结晶型材料等，其品种和用量应经试验确定，所用外加剂的技术性能应符合国家现行标准的有关质量要求。

7.2.7 用于拌制混凝土的水，应符合国家现行标准《混凝土用水标准》JGJ 63 的有关规定。

7.2.8 混凝土可根据工程抗裂需要掺入合成纤维或钢纤维，纤维的品种及掺量应符合国家现行标准的有关规定，无相关规定时应通过试验确定。

7.2.9 用于连接预制节段和钢筋混凝土管片的连接紧固件的连接形式及其机械性能应满足构造和结构受力的要求，且表面应进行防腐处理，并应符合现行国家标准《钢结构设计规范》GB 50017 的有关规定。

7.2.10 喷射混凝土应采用湿喷混凝土。

7.2.11 钢筋应符合现行国家标准《钢筋混凝土用钢第 1 部分：热轧光圆钢筋》GB 1499.1、《钢筋混凝土用钢第 2 部分：热轧带肋钢筋》GB 1499.2 和《钢筋混凝土用余热处理钢筋》GB 13014 的有关规定。

7.2.12 预应力筋宜采用预应力钢绞线和预应力螺纹钢筋，并应符合现行国家标准《预应力混凝土用钢绞线》GB/T 5224 和《预应力混凝土用螺纹钢筋》GB/T 20065 的有关规定。

7.2.13 纤维增强塑料筋应符合现行国家标准《结构工程用纤维增强复合材料筋》GB/T 26743 的有关规定。

7.2.14 钢板及预埋钢板宜采用 Q235 钢、Q345 钢，其质量应符合现行国家标准《碳素结构钢》GB/T 700 的有关规定。

7.2.15 砌体结构所用材料的最低强度等级应分别符合表 7.2.15-1、表 7.2.15-2 的规定。

表 7.2.15-1　砌体结构所用材料的最低强度等级

基土的潮湿程度	混凝土砌块	石材	黏土砖	水泥砂浆
稍潮湿的	MU10	MU40	MU10	M7.5
很潮湿的	MU15	MU40	MU15	M10

表 7.2.15-2　非结构性砌体所用材料的最低强度等级

基土的潮湿程度	混凝土砌块	石材	黏土砖	水泥砂浆
稍潮湿的	MU10	MU40	MU5	M7.5
很潮湿的	MU15	MU40	MU10	M10

7.2.16 注浆材料宜采用对地下环境无污染及后期收缩小的材料。

7.2.17 防水材料质量应符合现行国家标准《地下工程防水技术规范》GB 50108 的有关规定。

7.3 结构上的作用

7.3.1 综合管廊结构上的作用，按性质可分为永久作用、可变作用和偶然作用。

7.3.2 作用在综合管廊结构上的作用，可按表 7.3.2 进行分类。

表 7.3.2　作用分类表

作用分类		作用名称
永久作用		结构自重
		地层压力
		结构上部破坏棱体范围内的永久设备和建筑物压力
		水压力和浮力
		预加应力
		设备重量
		混凝土收缩及徐变影响
		地基沉降影响
可变作用	基本可变作用	地面车辆荷载及其动力作用
		地面车辆荷载引起的侧向土压力
		管廊内车辆及其动力作用
		人群荷载
	其他可变作用	温度变化影响
		施工荷载
		近接施工影响

作用分类	作用名称
偶然作用	地震作用
	人防荷载
	车辆、沉船、抛锚、河道疏浚产生的撞击力等灾难性荷载

注：1 设计中要求计入的其他作用，可根据其性质分别列入上述三类作用中；

2 本表中所列作用未加说明时，可按国家和行业现行有关标准或根据实际情况确定。

7.3.3 当采用概率极限状态法进行设计时，应符合下列规定：

1 作用的数值应根据现行国家标准《建筑结构荷载规范》GB 50009 的有关规定，并应根据施工和使用阶段可能发生的变化，按可能出现的最不利情况，确定不同荷载组合时的组合系数，其中未作规定的作用可参考其他国家和行业规范确定。

2 结构设计时，对不同的作用应采用不同的代表值。永久作用应采用标准值作为代表值；可变作用应根据设计要求采用标准值、组合值或准永久值作为代表值。作用的标准值应为设计采用的基本代表值。

3 当结构承受两种或两种以上可变作用时，按承载能力极限状态设计或正常使用极限状态按短期效应标准值设计时，对可变作用应取标准值和组合值作为代表值。

4 当正常使用极限状态按长期效应准永久组合设计时，对可变作用应采用准永久值作为代表值。

7.3.4 结构主体及收容管线自重可按结构构件及管线设计尺寸计算确定。常用材料及其制作件的自重可按现行国家标准《建筑结构荷载规范》GB 50009 的规定采用。

7.3.5 作用在管廊结构上的水压力，应根据施工阶段和长期使用过程中地下水位的变化，以及不同的地层条件，分别按下列规定计算：

1 水压力可按静水压力计算，并应根据设防水位以及施工阶段和使用阶段可能发生的地下水最高水位和最低水位两种情况，计算水压力和浮力对结构的作用；

2 砂性土地层的侧向水、土压力应采用水土分算；

3 黏性土地层的侧向水、土压力，在施工阶段应采用水土合算，使用阶段应分别采用水土分算和水土合算进行计算，并取两者不利者进行设计。

7.3.6 在道路下方的综合管廊，应按现行行业标准《城市桥梁设计规范》CJJ 11 的有关规定确定地面车辆荷载及排列；铁路下方综合管廊的荷载，应按现行行业标准《铁路桥涵设计基本规范》TB 10002.1 的有关规定执行。

7.3.7 预应力综合管廊结构上的预应力标准值，应为预应力钢筋张拉控制应力值扣除各项预应力损失后的有效预应力值。张拉控制应力值应按现行国家标准《混凝土结构设计规范》GB 50010 的有关规定确定。

7.3.8 混凝土收缩可降低温度模拟。

7.3.9 综合管廊结构温度变化影响应根据所处地区的气温条件、运营环境及施工条件确定。

7.3.10 建设场地的地基土有显著变化段的综合管廊结构，应计算地基不均匀沉降的影响，其标准值应按现行国家标准《建筑地基基础设计规范》GB 50007 的有关规定计算确定。

7.3.11 制作、运输和堆放、安装等短暂设计状况下的预制构件验算，应符合现行国家标准《混凝土结构工程施工规范》GB 50666 的有关规定。

7.4 抗震设计

7.4.1 综合管廊的抗震设防类别应为重点设防类（乙类），综合管廊设计应达到下列抗震设防目标：

1 当遭受低于设计工程抗震设防烈度的多遇地震影响时，综合管廊不损坏，对周围环境及综合管廊工程的正常运营无影响；

2 当遭受相当于设计工程抗震设防烈度的地震影响时，综合管廊不损坏或仅需对非重要结构部位进行一般修理，对周围环境影响轻微，不影响综合管廊工程正常运营；

3 当遭受高于设计工程抗震设防烈度的罕遇地震（高于设防烈度 1 度）影响时，综合管廊主要结构支撑体系不发生严重破坏且便于修复，对周围环境不产生严重影响，修复后的综合管廊工程应能正常运营。

7.4.2 应根据综合管廊的特性、使用条件和重要性程度，确定结构的抗震等级。综合管廊的抗震等级应符合表 7.4.2 的规定；当围岩中包含有可液化土层或基底处于可产生震陷的软土地层中时，应采取提高地层的抗液化能力且保证地震作用下结构物安全的措施。

表 7.4.2 综合管廊的抗震等级

设防烈度	6 度	7 度	8 度	9 度
抗震等级	四级	三级	二级	二级

注：1 设计位于设防烈度6度及以上地区的综合管廊时，应根据设防要求、场地条件、结构类型和埋深等因素选用能反映其地震工作性状的计算分析方法，并应采取提高结构和接头处整体抗震能力的构造措施。除应进行抗震设防等级条件下的结构抗震分析外，尚应进行罕遇地震工况的结构抗震验算。

2 综合管廊施工阶段，可不计地震作用的影响。

7.4.3 综合管廊结构的抗震设防标准，应符合现行《建筑工程抗震设防分类标准》GB 50233 的有关规定。

7.4.4 综合管廊应计入下列地震作用：

1 地震时随地层变形而发生的结构整体变形；

2 地震时的土压力，包括地震时水平方向和铅垂方向的土体压力；

3 综合管廊本身和地层的惯性力；

4 地层液化的影响。

7.4.5 应分析地震对综合管廊横向的影响，遇有下述情况时，还应在一定范围内分析地震对综合管廊纵向的影响：

1 综合管廊纵向的断面变化较大或综合管廊在横向有结构连接；

2 地质条件沿综合管廊纵向变化较大，软硬不均；

3 综合管廊线路存在小半径曲线；

4 遇有液化地层。

7.4.6 综合管廊可采用下列抗震分析方法：

1 综合管廊的地震反应宜采用反应位移法或惯性静力法计算，结构体系复杂、体形不规则以及结构断面变化较大时，宜采用动力分析法计算结构的地震反应；

2 综合管廊与地面建、构筑物合建时，宜根据地面建、构筑物的抗震分析要求与地面建、构筑物进行整体计算；

3 采用惯性静力法计算地震作用时，可按现行国家标准《铁路工程抗震设计规范》GB 50111 的有关规定执行；

4 采用反应位移法计算地震作用时，应分析地层在地震作用下，在综合管廊不同深度产生的地层位移、调整地层的动抗力系数、计算综合管廊自身的惯性力，并直接作用于结构上分析结构的反应。

7.4.7 综合管廊的抗震体系和抗震构造要求应符合下列规定：

1 综合管廊的规则性宜符合下列要求：

1）综合管廊宜具有合理的刚度和承载力分布；

2）综合管廊下层的竖向承载结构刚度不宜低于上层；

3）综合管廊及其抗侧力结构的平面布置宜规则、对称、平顺，并应具有良好的整体性；

4）在结构断面变化较大的部位，宜设置能有效防止或降低不同刚度的结构间形成牵制作用的防震缝或变形缝，缝的宽度应符合防震缝的要求。

2 综合管廊各构件之间的连接，应符合下列要求：

1）构件节点的破坏，不应先于其连接的构件的破坏；

2）预埋件的锚固破坏，不应先于连接件的破坏；

3）装配式结构构件的连接，应能保证结构的整体性。

3 综合管廊的抗震构造宜按现行国家标准《建筑抗震设计规范》GB 50011 的有关规定执行。

7.5 防水设计

7.5.1 综合管廊的防水设计应遵循"以防为主，刚柔结合，因地制宜，综合治理，易于维护"的原则，采取与其相适应的防水措施，且应做到方案可靠、施工简便、耐久适用、经济合理。

7.5.2 综合管廊的防水设计宜搜集当地气候、工程地质、水文地质、工程结构特点及施工工艺、现场施工条件和周边环境等资料，并根据工程规划、结构设计、材料选择、结构耐久性和施工工艺等确定防水方案。

7.5.3 综合管廊的防水设计方案，应包括下列内容：

1 防水等级和设防要求；

2 防水混凝土的抗渗等级和其他技术指标、质量保证措施；

3 防水层选用的材料及其技术指标、质量保证措施；

4 细部节点的防水措施，选用的材料及其技术指标、质量保证措施；

5 工程防排水系统、地面挡水及截水系统，以及各种孔口的防倒灌措施；

6 防水材料、止水构件及外加剂的选用应符合国家标准，材料应具有优良的耐久性、阻燃性，无毒（或低毒）、低污染。

7.5.4 综合管廊应以混凝土结构自防水为主，并根据结构形式、防水等级采取相应的其他设防措施。

7.5.5 综合管廊的施工缝、变形缝、穿墙管、桩头、通道接头等细部构造应设置防水措施。

7.5.6 在综合管廊的防水材料选用中，应考虑防水材料之间的相容性及防水功能的互补性。

7.5.7 处于冻融环境及化学腐蚀环境等条件下的综合管廊结构，应依据环境特性设置加强防水措施。

7.6 耐久性设计

7.6.1 耐久性设计应包括下列内容：

    1 结构的设计使用年限、环境类别及其作用等级；

    2 有利于减小环境对结构不良影响的构造形式、布置；

    3 混凝土结构材料的性能及耐久性指标；

    4 结构耐久性要求的构造措施；

    5 与结构耐久性有关的混凝土裂缝控制、主要施工控制及验收要求；

    6 严重腐蚀环境下的防腐蚀附加措施；

    7 结构运营期的维护、修理与检测要求。

7.6.2 综合管廊结构耐久性应根据结构的设计使用年限和环境类别及等级进行设计。当综合管廊结构处于多种环境作用时，应根据环境综合作用等级进行耐久性设计。可按照表 7.6.2-1、7.6.2-2、7.6.2-3 和 7.6.2-4 所列环境条件特征进行划分。

表 7.6.2-1　普遍环境作用等级划分

作用等级	环境条件特征	围岩特性
P1	年平均相对湿度 < 60%	变异较小的地层（围岩）
	长期在水下（不包括海水）或土中	
P2	年平均相对湿度 ≥ 60%	有一定变异的地层（围岩）
P3	水位变动区	有较大变异的地层（围岩）
	干湿交替	

注：当钢筋混凝土薄型结构的一侧干燥而另一侧湿润或饱水时，应按 P3 级考虑。

表 7.6.2-2　化学侵蚀环境作用等级划分

作用等级	环境因素				
	环境水中 Cl^- 含量 /(mg/L)	环境水中 SO_4^{2-} 含量 /(mg/L)	环境土中 SO_4^{2-} 含量 /(mg/kg)	环境水中 Mg^{2+} 含量 /(mg/L)	环境水的 pH
H1	≥ 100 < 500	≥ 200 ≤ 600	—	≥ 300 ≤ 1000	≤ 6.5 ≥ 5.5
H2	≥ 500 < 5000	> 600 ≤ 3000	≥ 2000 ≤ 3000	> 1000 ≤ 3000	< 5.5 ≥ 4.5
H3	≥ 5000	> 3000 ≤ 6000	> 3000	> 3000	< 4.5 ≥ 4.0

表 7.6.2-3　冻融环境作用等级划分

作用等级	环境条件特征
D1	微冻地区 + 围岩中富含地下水
D2	微冻地区 + 衬砌背后水位随季节发生变化
	严寒和寒冷地区 + 围岩中富含地下水
	微冻地区 + 围岩中富含地下水 + 围岩中含有氯盐
D3	严寒和寒冷地区 + 衬砌背后水位随季节发生变化
	微冻地区 + 衬砌背后水位随季节发生变化 + 围岩中含有氯盐
	严寒和寒冷地区 + 围岩中富含地下水 + 围岩中含有氯盐
D4	严寒和寒冷地区 + 衬砌背后水位随季节发生变化 + 围岩中含有氯盐

注：严寒地区、寒冷地区和微冻地区是根据其最冷月的平均气温划分的。严寒地区、寒冷地区和微冻地区最冷月的平均气温 t 分别为：$t \leqslant -8\ ℃$，$-8\ ℃ < t < -3\ ℃$ 和 $-3\ ℃ \leqslant t \leqslant 2.5\ ℃$。

表 7.6.2-4　环境综合作用等级划分

综合作用等级	A	B	C	D	E
环境等级组合	P1	P2、P1+H1、D1	P3、P1+H2、P1+H3、P2+H1、D2	P2+H2、D3	P3+H2、P2+H3、P3+H3、D4

7.6.3　综合管廊结构混凝土保护层厚度应满足钢筋的防锈、耐火以及与混凝土之间黏结力传递要求，且其设计值不得小于钢筋的公称直径。在不同环境条件下的综合管廊结构混凝土保护层厚度应符合表 7.6.3 的规定。

表 7.6.3　混凝土结构最小保护层厚度 c　单位：mm

结构类型	位置	环境条件				
		A	B	C	D	E
明挖法结构	外侧	35	40	45	50	55
	内侧	30	35	40	45	50
盾构法和顶管法结构	外侧	35	40	45	50	55
	内侧	35	40	45	50	55
矿山法结构	二衬 外侧	30	35	40	45	50
	二衬 内侧	30	30	35	40	45

注：1　钢筋保护层最小厚度值如小于所保护钢筋的直径，则取 $c_{\min}$ 为钢筋的直径。

2　如因条件所限，钢筋的混凝土保护层最小厚度必须采用低于表中要求的数值时，应采取其他经试验证明能确保混凝土耐久性的有效附加防腐蚀措施。

7.6.4　综合管廊结构混凝土的密实度等级及其指标应根据环境综合等级按表 7.6.4 确定。

表 7.6.4　不同环境综合等级对混凝土密实度等级及其指标的要求

环境综合等级		A	B	C	D	E
密实度等级		Ma	Mb	Mc	Md	Me
密实度指标（电通量 E_f）	模筑混凝土	$1\,500 \leqslant E_f$ $< 1\,800$	$1\,200 \leqslant E_f$ $< 1\,500$	$1\,000 \leqslant E_f$ $< 1\,200$	$600 \leqslant E_f$ $< 1\,000$	$E_f < 600$
	喷射混凝土	$1\,800 \leqslant E_f$ $< 2\,200$	$1\,400 \leqslant E_f$ $< 1\,800$	$1\,200 \leqslant E_f$ $< 1\,400$	$800 \leqslant E_f$ $< 1\,200$	$E_f < 800$

7.6.5 综合管廊结构混凝土的强度等级及其指标应根据围岩级别按表 7.6.5 确定。

表 7.6.5 不同围岩级别对强度指标的要求

围岩级别		II	III	IV	V	VI
强度等级		Sa	Sb	Sc	Sd	Se
强度指标	模筑混凝土	C30	C35	C40	C45	C50
	喷射混凝土	C20	C25	C30	C35	C40

注：钢筋混凝土预制管片和预制管节选用强度等级为 C50 及以上的高强混凝土。

7.6.6 综合管廊结构混凝土设计参数指标应根据环境综合等级和围岩级别按表 7.6.6 确定。

表 7.6.6 综合管廊结构混凝土设计参数指标

围岩级别	环境综合等级				
	A	B	C	D	E
II	SaMa	SaMb	SaMc	SaMd	SaMe
III	SbMa	SbMb	SbMc	SbMd	SbMe
IV	ScMa	ScMb	ScMc	ScMd	ScMe
V	SdMa	SdMb	SdMc	SdMd	SdMe
VI	SeMa	SeMb	SeMc	SeMd	SeMe

7.6.7 模筑混凝土胶凝材料和喷射混凝土胶凝材料配比应根据混凝土密实度指标要求按照附录 A 中表 A-1 和表 A-2 确定；模筑

混凝土和喷射混凝土的配合比应根据混凝土强度等级按照附录 A 中表 A-3 和表 A-4 确定。

7.6.8 混凝土耐久性设计应符合下列规定：

1 混凝土配合比应按高性能混凝土的要求配制，并在不同季节应作相应调整。当采用高强混凝土时，应符合本规范及《高强混凝土应用技术规程》JGJ/T281 的要求。

2 混凝土配合比中应掺用优质粉煤灰和矿粉等矿物掺合料或矿物复合掺合料，普遍环境下的掺量总和不宜小于总胶凝材料的 30%，氯化物环境下的掺量不宜小于总胶凝材料的 40%。

3 混凝土原材料中引入的氯离子总量，不应超过胶凝材料重量的 0.08%，预应力混凝土中引入的氯离子总量，不应超过胶凝材料重量的 0.06%。

4 混凝土原材料引入的碱含量不应大于 3.0 kg/m³。

5 混凝土的配合比设计和配制，在满足施工和易性和强度等级要求外，应以混凝土抗氯离子渗透性能、抗裂性能和抗碳化性能为主要控制指标。

7.6.9 混凝土结构的构造应有利于减轻环境对结构的作用，有利于避免水、水汽和有害物质在混凝土表面的积聚，便于施工时混凝土的捣固和养护。

7.6.10 混凝土结构表面应设置可靠的防、排水等构造措施。必要时可采用换填土、降低地下水位及增设防护层等工程措施，防止水和有害物质接触混凝土表面。

7.6.11 结构的各种接缝宜避开最不利环境作用的部位。

7.6.12 对于遭受严重化学侵蚀的混凝土结构，应考虑接触面上混凝土的可能剥蚀对构件承载力的损害，设计时需适当增加混凝土厚度。

7.6.13 有密封套管（或导管、孔道管）的后张法预应力钢筋混凝土保护层厚度与普通钢筋混凝土保护层厚度相同且不应小于孔道直径的 1/2；无密封套管（或导管、孔道管）的后张法预应力钢筋混凝土保护层厚度应比普通钢筋混凝土保护层厚度大10 mm。全预应力状态下的先张法预应力钢筋混凝土保护层厚度与普通钢筋混凝土保护层厚度相同；部分预应力状态下的先张法预应力钢筋混凝土保护层厚度应比普通钢筋混凝土保护层厚度大10 mm；热轧预应力钢筋混凝土保护层厚度与普通钢筋混凝土保护层相同。

7.6.14 吊环、紧固件、连接件等外露金属件应采取附加防护措施。

7.6.15 盾构法综合管廊管片或顶管法综合管廊管节混凝土的抗氯离子渗透性能不能满足要求时，应在管片或管节的背面涂覆保护涂层。

7.6.16 环境综合等级为 D 的钢筋混凝土结构，除混凝土的配合比和耐久性指标应满足本规范规定的相应要求外，还应选用混凝土表面浸渍、环氧涂层钢筋等附加措施，必要时也可采用钢筋阴极保护措施。

7.6.17 环境综合等级为 E 的钢筋混凝土结构，除了采取上述附加防腐蚀措施外，还可采用换填土、降低地下水位等工程措施。

7.6.18 综合管廊耐久性设计也可按现行国家标准《混凝土结构耐久性设计规范》GB/T 50476 执行。

8 明挖法结构设计

8.1 现浇和预制拼装混凝土结构设计

8.1.1 现浇混凝土综合管廊结构的截面内力计算模型宜采用闭合框架模型。作用于结构底板的基底反力分布应根据地基条件确定，并应符合下列要求：

1 地层较为坚硬或经过加固处理的地基，基底反力可视为直线分布；

2 未经处理的软弱地基，基底反力应按弹性地基上的平面变形计算确定。

8.1.2 现浇混凝土综合管廊结构设计应符合现行国家标准《混凝土结构设计规范》GB 50010、《纤维增强复合材料建设工程应用技术规范》GB 50608 的有关规定。

8.1.3 预制拼装综合管廊结构宜采用预应力筋连接接头、螺栓连接接头或承插式接头。当场地条件较差，或易发生不均匀沉降时，宜采用承插式接头。当有可靠依据时，也可采用其他能够保证预制拼装综合管廊结构安全性、适用性和耐久性的接头构造。

8.1.4 仅带纵向拼缝接头的预制拼装综合管廊结构的截面内力计算模型宜采用与现浇混凝土综合管廊结构相同的闭合框架模型。

8.1.5 带纵、横向拼缝接头的预制拼装综合管廊的截面内力计算模型应考虑拼缝接头的影响，拼缝接头影响宜采用 K-ζ 法（旋转弹簧-ζ 法）计算，构件的截面内力分配应按下列公式计算：

$$M = K\theta \qquad\qquad (8.1.5\text{-}1)$$

$$M_j = (1-\zeta)M, N_j = N \qquad (8.1.5\text{-}2)$$

$$M_Z = (1+\zeta)M, N_Z = N \qquad (8.1.5\text{-}3)$$

式中 K——旋转弹簧常数，$25\ 000\ \text{kN} \cdot \text{m/rad} \leqslant K \leqslant 50\ 000\ \text{kN} \cdot \text{m/rad}$；

M——按照旋转弹簧模型计算得到的带纵、横向拼缝接头的预制拼装综合管廊截面内各构件的弯矩设计值（$\text{kN} \cdot \text{m}$）；

M_j——预制拼装综合管廊节段横向拼缝接头处弯矩设计值（$\text{kN} \cdot \text{m}$）；

M_Z——预制拼装综合管廊节段整浇部位弯矩设计值（$\text{kN} \cdot \text{m}$）；

N——按照旋转弹簧模型计算得到的带纵、横向拼缝接头的预制拼装综合管廊截面内各构件的轴力设计值（kN）；

N_j——预制拼装综合管廊节段横向拼缝接头处轴力设计值（kN）；

N_Z——预制拼装综合管廊节段整浇部位轴力设计值（kN）；

θ——预制拼装综合管廊拼缝相对转角（rad）；

ζ——拼缝接头弯矩影响系数。当采用横向通缝拼装时取 $\zeta = 0$，当采用横向错缝拼装时取 $0.3 < \zeta < 0.6$。

K、ζ 的取值受拼缝构造、拼装方式和拼装预应力大小等多方面因素影响，一般情况下应通过试验确定。

8.1.6 预制拼装综合管廊结构中，现浇混凝土截面的受弯承载力、受剪承载力和最大裂缝宽度宜符合现行国家标准《混凝土结构设计规范》GB 50010 的有关规定。

8.1.7 预制拼装综合管廊结构采用预应力筋连接接头或螺栓连

接接头时, 其拼缝接头的受弯承载力 (图 8.1.7) 应符合下列公式要求:

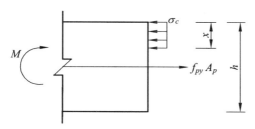

图 8.1.7 接头受弯承载力计算简图

$$M \leqslant f_{py} A_p \left(\frac{b}{2} - \frac{x}{2} \right) \qquad (8.1.7\text{-}1)$$

$$x = \frac{f_{py} A_p}{a_1 f_c^b} \qquad (8.1.7\text{-}2)$$

式中 M——接头弯矩设计值 (kN·m);

   f_{py}——预应力筋或螺栓的抗拉强度设计值 (N/mm^2);

   A_p——预应力筋或螺栓的截面面积 (mm^2);

   h——构件截面高度 (mm);

   x——构件混凝土受压区载面高度 (mm);

   f_c——混凝土轴心抗压强度设计值 (N/mm^2);

   b——构件截面宽度 (mm)。

   α_1——系数, 当混凝土强度等级不超过 C50 时, a_1 取 1.0, 当混凝土强度等级为 C80 时, a_1 取 0.94, 期间按线性内插法确定。

   8.1.8 带纵、横向拼缝接头的预制拼装综合管廊结构应按荷载效应的标准组合, 并应考虑长期作用影响对拼缝接头的外缘张开量进行验算, 且应符合下式要求:

$$\Delta = \frac{Mk}{k} h \leqslant \Delta_{max} \qquad (8.1.8)$$

式中 Δ——预制拼装综合管廊拼缝外缘张开量（mm）；

Δ_{max}——拼缝外缘最大张开量限值，一般取 2 mm；

h——拼缝截面高度（mm）；

K——旋转弹簧常数；

M_k——预制拼装综合管廊拼缝截面弯矩标准值（kN·m）。

8.1.9 采用高强钢筋或钢绞线作为预应力筋的预制综合管廊结构的抗弯承载能力应按现行国家标准《混凝土结构设计规范》GB 50010 有关规定进行计算。

8.1.10 采用纤维增强塑料筋作为预应力筋的综合管廊结构抗弯承载力计算应按现行国家标准《纤维增强复合材料建设工程应用技术规范》GB 50608 有关规定进行设计。

8.1.11 预制拼装综合管廊拼缝的受剪承载力应符合现行行业标准《装配式混凝土结构技术规范》JGJ 1 的有关规定。

8.1.12 综合管廊结构应在纵向设置变形缝，变形缝的设置应符合下列规定：

1 现浇混凝土综合管廊结构变形缝的间距不宜大于 30 m；

2 结构纵向刚度突变处以及上覆荷载变化处或下卧土层突变处，应设置变形缝；

3 变形缝的缝宽不宜小于 30 mm；

4 变形缝应设置橡胶止水带、填缝材料和嵌缝材料等止水构造。

8.1.13 当综合管廊采用螺栓连接的预制拼装结构时，可不设置变形缝，但地基纵向刚度突变处应进行纵向结构验算，必要时进行地基换填或加固。

8.2 防水设计

8.2.1 明挖现浇综合管廊结构的防水设防要求应按表 8.2.1 选用。

表 8.2.1　明挖现浇综合管廊结构的防水设防要求

工程部位	主体结构				施工缝						后浇带					变形缝			
防水措施	防水混凝土	防水卷材	防水涂料	防水砂浆	遇水膨胀止水条(胶)	外贴式止水带	中埋式止水带	外贴防水卷材	水泥基渗透结晶型防水涂料	预埋注浆管	补偿收缩混凝土	外贴式止水带	中埋式止水带	预埋注浆管	遇水膨胀止水条(胶)	中埋式止水带	外贴式止水带	内装可卸式止水带	嵌填密封材料
防水等级二级	必选	应选一种			应选一至二种						必选	应选一至二种				必选	应选一至二种		

8.2.2 明挖现浇综合管廊结构应选用全外包防水，外设防水层的设计应符合下列要求：

　　1 宜采用能使防水层与主体结构满粘的材料及施工工艺；

　　2 两道或多道防水层叠合使用时，防水层之间应满粘；

3 不同种类的防水材料复合使用时，应考虑材料之间的相容性；

4 当只有一道外设防水层时，宜选用柔性防水层并设置在结构迎水面。

8.2.3 明挖预制拼装综合管廊结构的管节及节段应采用防水混凝土，管节及节段拼缝部位应设置预制成型弹性密封垫、遇水膨胀止水条等密封材料为主要防水措施。

8.2.4 拼缝弹性密封垫（图 8.2.4）应沿环、纵面兜绕成框型。沟槽形式、截面尺寸应与弹性密封垫的形式和尺寸相匹配。

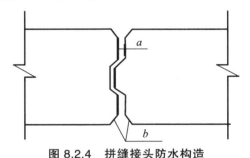

图 8.2.4 拼缝接头防水构造

a—弹性密封垫材；b—嵌缝槽

8.2.5 拼缝处应至少设置一道密封垫沟槽，密封垫及沟槽的截面尺寸应符合下式规定：

$$A = 1.0A_0 \sim 1.5A_0 \qquad (8.2.5)$$

式中 A——密封垫沟槽截面积；

A_0——密封垫截面积。

8.2.6 弹性橡胶密封垫宜采用三元乙丙（EPDM）橡胶或氯丁

（CR）橡胶，界面应力不应低于 1.5 MPa。

8.2.7 复合密封垫宜采用中间开孔、下部开槽等特殊截面的构造形式，并应制成闭合框型。

8.2.8 施工缝和变形缝及其他细部构造应采用多道防水措施，变形缝处采用的防水措施应能满足接缝两端结构产生的差异沉降及纵向伸缩时的密封防水要求。

8.2.9 预制结构与现浇结构接缝处的防水措施应参照明挖现浇结构的施工缝防水措施，可采用遇水膨胀止水条（胶）、预埋注浆管等进行设防。

9 盾构法与顶管法结构设计

9.1 管片结构设计

9.1.1 管片结构的设计应同时考虑施工阶段和使用阶段的荷载情况。

9.1.2 管片结构的计算模型应根据地层特性、衬砌构造特点及施工工艺等确定，并应计入管片与围岩共同作用及管片接头的影响。根据管片结构和地层特点，可采用自由圆环法、修正惯用法和梁-弹簧模型法等进行计算。

9.1.3 采用错缝拼装的管片结构宜计入环间剪力传递的影响。空间受力明显的干、支线三通或互通区段，宜按空间结构进行计算。

9.1.4 管片环可采用"标准环+左转+右转"或全部采用一种楔型管片组合的"通用环"形式。管片楔形量应根据线路最小曲线半径计算，并留有能满足最小曲线半径段纠偏等施工要求的余量。

9.1.5 单环管片一般由数块 A 型管片（标准块）、两块 B 型管片（邻接块）和一块 K 型管片（封顶块）组成。对于综合管廊隧道，一般建议分为 5～7 块。

9.1.6 带纵、横向拼缝接头的管片结构的截面内力计算模型应考虑拼缝接头的影响，拼缝接头影响宜采用 $K\text{-}\zeta$ 法（旋转弹簧-ζ 法）计算，应按本规范式（8.1.5）计算。

9.1.7 管片结构采用预应力筋连接接头或螺栓连接接头时，其拼缝接头的受弯承载力应按本规范式（8.1.7）计算。

9.1.8 盾构施工竖井设计应符合下列要求：

1 盾构施工竖井的形式和大小应根据地质条件、盾构组装、拆卸要求和施工出碴进料等需求确定；

2 盾构进出洞口处应设置洞口密封止水环，在管片与竖井井壁间应设置现浇钢筋混凝土环梁，在竖井井壁应预埋与后浇环梁连接的钢筋；

3 竖井结构设计应计及吊装盾构机的附加荷载，以及盾构始发时的反力对竖井内部构件或竖井壁的影响；

4 盾构竖井始发和到达端头的土体应进行加固，加固方法和加固参数应根据土质、地下水、盾构的形式、覆土和周围环境等条件确定。

9.2 顶管（管节）结构设计

9.2.1 顶管顶进方法的选择，应根据工程设计要求、工程水文地质条件、周围环境和现场条件，经技术经济比较后确定，并应符合下列规定：

1 采用敞口式（手掘式）顶管机时，应将地下水位降至管底以下不小于 1.0 m 处，并应采取措施，防止其他水源进入顶管的管道；

2 周围环境要求控制地层变形，或无降水条件时，宜采用封闭式的土压平衡或泥水平衡顶管机施工；

3 穿越建（构）筑物、铁路、公路、重要管线和防汛墙等时，应制订相应的保护措施。

9.2.2 分析计算顶进综合管廊的结构受力时，应考虑下列因素：

1 综合管廊的断面尺寸；

2 管节长度；

3 地层性质及物理力学参数；

4 综合管廊的最大和最小覆土厚度；

5 地面超载，如交通荷载、周围其他建（构）筑物影响等；

6 地下水情况，包括施工中和使用中的最高、最低水位，以及是否进行施工前降水等；

7 最大顶进力；

8 综合管廊接头和传压环的情况；

9 若为曲线顶进，则需考虑施工综合管廊轴线的曲率半径；

10 掘进机或导向头的超挖量；

11 掘进机或导向头与综合管廊的配合公差；

12 润滑剂的使用情况；

13 后注浆工艺和注浆材料；

14 施工作业时的温度（当温度超过 40 ℃ 时应进行考虑）。

9.2.3 综合管廊圆形管节内力计算可按照本规范 9.1 节规定进行，矩形管节内力计算可按照本规范 8.1 节规定进行。

9.2.4 计算施工顶力时，应综合考虑管节材质、顶进工作井后背墙结构的允许最大荷载、顶进设备能力、施工技术措施等因素。施工最大顶力应大于顶进阻力，但不得超过管材或工作井后背墙的允许顶力。

9.2.5 顶进阻力可按照《给水排水管道工程施工及验收规范》GB 50268 计算。

9.2.6 工作井尺寸应结合施工场地、施工管理、洞门拆除、测量及垂直运输等要求确定，且应符合下列要求：

1 应根据顶管机安装和拆卸、管节长度和外径尺寸、千斤顶工作长度、后背墙设置、垂直运土工作面、人员作业空间和顶进作业管理等要求确定平面尺寸；

2 深度应满足顶管机导轨安装、导轨基础厚度、洞口防水处理、管接口连接等要求；洞圈最低处与底板顶面应预留足够距离安装始发、接收装置。

9.2.7 采用中继间顶进时，其设计顶力、设置数量和位置应符合施工方案，并应符合下列要求：

1 设计顶力严禁超过管材允许顶力。

2 第一个中继间的设计顶力，应保证其允许最大顶力能克服前方管道的外壁摩擦阻力及顶管机的迎面阻力之和；而后续中继间设计顶力应克服两个中继间之间的管道外壁摩擦阻力。

3 确定中继间位置时，应留有足够的顶力安全系数，第一个中继间位置应根据经验确定并提前安装，同时考虑正面阻力反弹，防止地面沉降。

4 中继间密封装置宜采用径向可调形式，密封配合面的加工精度和密封材料的质量应满足要求。

5 超深、超长距离顶管工程，中继间应具有可更换密封止水圈的功能。

9.2.8 钢筋混凝土管曲线顶管应符合下列规定：

1 顶进阻力计算宜采用当地的经验公式确定；无经验公式时，可按相同条件下直线顶管的顶进阻力进行估算，并考虑曲线段管外壁增加的侧向摩阻力以及顶进作用力轴向传递中的损失影响。

2 最小曲率半径计算应符合下列规定：

1） 应考虑管道周围土体承载力、施工顶力传递、管节接口形式、管径、管节长度、管口端面木衬垫厚度等因素。

2） 按式（9.2.9）计算。不能满足公式计算结果时，可采取减小预制管管节长度的方法使之满足

$$\tan\alpha = \frac{l}{R_{\min}} = \frac{\Delta S}{D_0} \qquad （9.2.9）$$

式中　α——曲线顶管时，相邻管节之间接口的控制允许转角（°）一般取管节接口最大允许转角的 1/2，F 型钢承口的管节宜小于 0.3°。

$R_{\min}$——最小曲率半径（m）；

l——预制管节长度（m）；

D_0——管道外径（m）；

ΔS——相邻管节之间接口允许的最大间隙与最小间隙之差（m），其值与不同管节接口形式的控制允许转角和衬垫弹性模量有关。

3 所用的管节接口在一定角变位时应保持良好的密封性能要求，对于 F 型钢承口可增加钢套环承插长度；衬垫可选用无硬节松木板，其厚度应保证管节接口端面受力均匀。

9.3　防水设计

9.3.1 盾构法综合管廊结构的防水设防要求应按表 9.3.1 选用。

表 9.3.1　盾构法综合管廊结构的防水设防要求

防水等级	防水措施						
	高精度管片	接缝防水				混凝土内衬或其他内衬	外防水涂料
		密封垫	嵌缝	注入密封剂	螺孔密封圈		
二级	必选	必选	部分区段宜选	可选	必选	局部宜选	对混凝土有中等以上腐蚀的地层宜选

9.3.2　盾构法综合管廊管片应至少设置一道密封垫沟槽，接缝密封垫宜选择具有合理构造形式、良好弹性或遇水膨胀性、耐久性、耐水性的橡胶类材料，其外形应与沟槽相匹配，性能应满足有关标准的要求。密封垫应能被完全压入密封垫沟槽内，密封垫沟槽的截面积应为密封垫截面积的 1 倍~1.5 倍。

9.3.3　盾构法综合管廊管片接缝部位应采用密封垫、螺孔密封、嵌缝防水等措施进行综合设防，在交叉口接头部位应选用遇水膨胀止水条（胶）、预留注浆管以及接头密封材料等多道防水措施。

9.3.4　顶管法综合管廊结构的防水设防要求应按表 9.3.4 选用。

表 9.3.4　顶管法综合管廊结构的防水设防要求

防水等级	工程部位	接缝防水						
	顶管主材	钢套管或钢（不锈钢）圈	钢（不锈钢）或玻璃套筒	弹性密封填料	密封胶圈	橡胶封胶圈	遇水膨胀橡胶	木垫圈
二级	钢管	—						
	钢筋混凝土管	必选		必选	必选		必选	必选
	玻璃纤维增强塑料夹砂管	—	必选			必选	—	—

10 矿山法结构设计

10.1 一般规定

10.1.1 矿山法修建的综合管廊结构宜采用复合式衬砌，在围岩完整、稳定、无地下水和不受冻害影响地段的综合管廊，也可采用单层衬砌结构，内净空需满足后期施作结构的要求。

10.1.2 衬砌结构的形式及尺寸应根据围岩级别、水文地质条件、埋置深度和结构工作特点，结合施工条件等，通过工程类比和结构计算确定，特殊及重大工程还应经过试验确定。

10.1.3 矿山法修建的综合管廊结构宜采用马蹄形断面形式，其尺寸应满足断面限界要求，并考虑施工误差、结构变形和后期沉降的影响。

10.1.4 矿山法施工的综合管廊结构设计，应以喷射混凝土、钢拱架（包括格栅拱架和型钢拱架）或锚杆为主要支护手段，根据围岩和环境条件、综合管廊的埋深和断面尺度等，通过选择适宜的开挖方法、辅助措施、支护形式及与之相关的物理力学参数，达到保持围岩和支护的稳定、合理利用围岩自承能力的目的。施工中，应通过对围岩和支护的动态监测，优化设计和施工参数。

10.2 结构计算

10.2.1 矿山法综合管廊根据其埋深、地质、开挖方法等因素，可采用地层-结构法或荷载-结构法进行结构计算。

10.2.2 采用地层-结构法进行设计计算，应符合下列要求：

1 计算模型应同时包含支护结构和地层；

2 计算过程中应考虑施工开挖步骤的影响；

3 应对施工阶段及使用阶段的围岩与支护结构进行验算；

4 应同时检验围岩的稳定性和支护结构的安全性；

5 初期支护和围岩局部可处于弹塑性受力状态，但应能保持整体体系稳定；

6 二次衬砌结构应处于弹性受力状态。

10.2.3 地层-结构法中的荷载应包含下列部分：

1 地应力：自重应力和构造应力。

2 支护结构自重。

3 附加荷载：车辆荷载及其动力作用、人群荷载、建筑荷载、水压力、地震荷载及其他可能存在的可变荷载和偶然荷载。

10.2.4 采用地层-结构法进行设计计算时，应选用与地层及支护结构材料的受力变形特征相适应的本构模型，钢筋材料应采用弹性变形状态，喷射混凝土作为初期支护时允许进入塑性受力状态，用作二次衬砌的混凝土材料宜处于弹性受力状态。

10.2.5 综合管廊开挖过程的平面模拟计算，可按施工开挖步骤，在开挖边界上逐步施加释放荷载来实现。

10.2.6 当矿山法综合管廊支护结构承担的外部荷载较明确、自重荷载可能控制结构强度时，宜采用荷载-结构法进行设计计算。荷载结构法的计算方法可按照行业标准《铁路隧道设计规范》TB 10003 或《公路隧道设计规范》JTG D70 执行。

10.2.7 荷载-结构法的荷载应根据综合管廊所处的地形地质条件、埋置深度、结构特征和工作条件等因素确定。施工中如发现与实际不符，应及时修正。对于地质复杂的综合管廊，必要时应通过实地测量确定。

10.2.8 采用荷载-结构法设计计算时，应通过考虑弹性抗力等体现围岩对结构变形的约束作用。

10.2.9 矿山法综合管廊结构安全验算宜按现行行业标准《铁路隧道设计规范》TB 10003 或《公路隧道设计规范》JTG D70 的有关规定执行。

10.2.10 矿山法综合管廊结构的配筋计算和裂缝验算宜按现行行业标准《铁路隧道设计规范》TB 10003 或《公路隧道设计规范》JTG D70 的有关规定执行。

10.2.11 Ⅳ～Ⅵ级围岩中的二次衬砌宜设置仰拱，衬砌断面周边外轮廓宜圆顺。

10.3 防水设计

10.3.1 矿山法综合管廊结构的防水设防要求应按表 10.3.1 选用。

表 10.3.1 矿山法综合管廊结构的防水设防要求

工程部位	衬砌结构				施工缝					变形缝			
防水措施	防水混凝土	预铺防水卷材	塑料防水板	防水涂料	外贴式止水带	预埋注浆管	遇水膨胀止水条（胶）	中埋式止水带	水泥基渗透结晶型防水涂料	中埋式止水带	外贴式止水带	可卸式止水带	嵌填密封材料
二级	必选	应选一种				应选一至二种					必选	应选一至二种		

10.3.2 矿山法综合管廊结构宜采用多道防线进行防水，其防排

水系统应包括地下水封堵、防水层、防水混凝土、接缝防水、施工和运营抽排水系统等，应与主体结构同时设计、施工和投入运营，并应考虑永临结合。

10.3.3 当综合管廊处于围岩破碎、易坍塌、涌水、突泥以及地下水与地表水存在较强水力联系等不利条件时，宜制定详细的注浆设计方案，采取洞内、洞外注浆等方式进行堵水。

10.3.4 防水层的设计应符合下列要求：

　1 防水层宜设置在复合式衬砌的初期支护和二次衬砌之间，并宜设缓冲层；

　2 塑料防水板铺设后，宜在其内表面设置分区设施及注浆系统。

10.3.5 综合管廊二次衬砌的施工缝和变形缝应采用多道防水措施，其中一道宜为中埋式止水带，变形缝位置宜设置防水层加强层。

11 近接工程设计

11.1 一般规定

11.1.1 应对综合管廊工程场址范围内可能存在相互影响的建（构）筑物进行调查，获取下列基础资料：

1 近接工程的地质资料；

2 被近接工程的设计文件，确定空间位置、尺寸和规模等结构参数；

3 与相关产权单位协调，确定被近接工程的控制要求、控制指标及容许值；

4 对被近接工程健康状态不清楚或不能确定的，可采取调查、检测、数值计算、分析等手段获得既有结构物健康程度和控制指标。

11.1.2 对近接工程应进行风险评估，判定近接类型、相互影响和相应风险等级。

11.1.3 对于判定为高度及以上风险的近接工程应进行专项设计和专项评审。

11.1.4 在进行综合管廊规划设计时，应尽可能躲避既有结构物，当无法避让或避让代价较高，长远运行不利时，应从对公共利益的影响程度、先后顺序、安全程度、工程造价等因素对改迁和近接方案进行经济技术比选，综合确定。

11.1.5 综合管廊之间或综合管廊与其他管线发生空间冲突时，宜遵循干线管廊优先于支线管廊和其他管线工程放入的原则。当均为干线或支线管廊时，除规划规定和预先协调外，应遵循先建优先原则。

11.2 近接工程设计

11.2.1 应根据地质条件、使用要求、施工方法、工程投资和运营等条件，经综合比选后确定近接工程的施工方法、最小净距和相互空间关系。

11.2.2 经评估判定有近接影响且为高度及以上风险的近接工程时，应比选地下结构形式和辅助工法方案，分析可能产生的影响和风险。

11.2.3 对近接工程应结合工程类比，采用数值模拟、模型试验等手段对可能产生的影响进行分析，确定控制指标和容许值，并在设计中加以明确。

11.2.4 对于高度及以上风险的近接工程的施工方法、支护参数、施工顺序宜进行特殊设计，并宜采用动态设计。

11.2.5 可从既有结构、新建结构和地层三者对近接工程采取单一和组合控制措施。

11.2.6 可结合近接施工的时空演变规律，采取临时或永久控制措施。

11.2.7 对近接工程应提出监控量测设计方案，对于特别重要的近接建（构）筑物宜进行自动化实时监测。

11.2.8 若后期规划的其他建（构）筑物施工对综合管廊结构存在显著影响，应在设计时考虑这些影响，进行针对性设计，提出预留保护措施和控制指标，并对后期建筑物的建设提出要求。

12 管线设计

12.1 一般规定

12.1.1 管线设计应以综合管廊总体设计为依据。

12.1.2 纳入综合管廊的金属管道及支吊架应进行防腐设计。

12.1.3 管线配套检测设备、控制执行机构或监控系统应设置与综合管廊监控与报警系统联通的信号传输接口。

12.1.4 纳入综合管廊的管道及其三通、弯头等部位均应设置支墩、支架或吊架等固定措施。

12.1.5 管线支吊架与主体结构的连接，应固定在对应预埋件、锚固件上。

12.1.6 压力管道进出综合管廊时，应在综合管廊外部设置阀门。

12.2 给水、再生水管道

12.2.1 给水、再生水管道设计应符合现行国家标准《室外给水设计规范》GB 50013、《消防给水及消火栓系统技术规范》GB 50974、《污水再生利用工程设计规范》GB 50335 的有关规定。

12.2.2 给水、再生水管道可选用钢管、球墨铸铁管和其他满足使用和敷设要求的管材。接口宜采用刚性连接，管径小于 DN400 钢管可采用沟槽式连接，球墨铸铁管采用柔性接口时可采用自锚式接口、法兰连接或设置支墩。

12.2.3 管道支撑的形式、间距、固定方式应通过计算确定，并应符合现行国家标准《给水排水工程管道结构设计规范》GB 50332 的有关规定。

12.3 排水管渠

12.3.1 雨水管渠、污水管道设计应符合现行国家标准《室外排水设计规范》GB 50014 的有关规定。

12.3.2 雨水管渠、污水管道应按规划最高日最高时设计流量确定其断面尺寸，同时需按近期流量校核流速。

12.3.3 排水管渠进入综合管廊前，应设置检修闸门或闸槽，并考虑事故检修排放措施。重力流污水管道进入综合管廊前宜设置沉泥井，并考虑措施可定期对管廊内污水管进行冲洗防淤。有条件时，雨水管渠进入综合管廊前也宜设置沉泥井。雨水、污水管道的通气装置应直接引至综合管廊外部安全空间，并与周边环境相协调。

12.3.4 雨水、污水管道可选用钢管、球墨铸铁管和其他满足使用和敷设要求的管材。压力管道宜采用刚性接口，管径小于 DN400 钢管可采用沟槽式连接，球墨铸铁管采用柔性接口时可采用自锚式接口、法兰连接或设置支墩。

12.3.5 雨水、污水管道支撑的形式、间距、固定方式应通过计算确定，并应符合现行国家标准《给水排水工程管道结构设计规范》GB 50332 的有关规定。

12.3.6 雨水、污水管道系统应严格密闭。管道应进行功能性试验，保证其严密性。

12.3.7 雨水、污水管道的检查及清通设施应满足管道安装、检修、运行和维护的要求，地面检查井设置间距不宜大于 200 m。

重力流管道并应考虑外部排水系统水位变化、冲击负荷等情况对综合管廊内管道运行安全的影响。

12.3.8 利用综合管廊结构本体排除雨水时，雨水舱结构空间应完全独立和严密，并应采取防止雨水倒灌或渗漏至其他舱室的措施。

12.4 天然气管道

12.4.1 天然气管道设计应符合现行国家标准《城镇燃气设计规范》GB 50028 的有关规定。

12.4.2 高压天然气管道纳入综合管廊应进行安全评价并采取有效安全措施。

12.4.3 天然气管道应采用无缝钢管，管道材料钢级不应低于L245。管道附件不得采用螺旋焊缝钢管制作，严禁采用铸铁制作。

12.4.4 天然气管道连接应采用焊接，焊缝检测要求应符合表12.4.4 的规定。

表 12.4.4　焊缝检测要求

压力级别/MPa	环焊缝无损检测比例	
$0.80 < P \leqslant 1.60$	100%射线检验	100%超声波检验
$0.40 < P \leqslant 0.80$	100%射线检验	100%超声波检验
$0.01 < P \leqslant 0.40$	100%射线检验或 100%超声波检验	—
$P \leqslant 0.01$	100%射线检验或 100%超声波检验	—

注：1　射线检验符合现行行业标准《承压设备无损检测第 2 部分：射线检测》JB/T4730.2 规定的 Ⅱ 级（AB 级）为合格；

2　超声波检验符合现行行业标准《承压设备无损检测第 3 部分：超声检测》JB/T4730.3-2005 规定的 Ⅰ 级为合格。

12.4.5 天然气管道支撑的形式、间距、固定方式应通过计算确定，并应符合压力管道设计的相关规定。

12.4.6 天然气管道的阀门、阀件系统公称压力应按提高一个压力等级设计。

12.4.7 天然气调压装置不应设置在综合管廊内。

12.4.8 天然气管道阀门的设置应符合下列要求：

    1 应设置分段阀门，分段阀门的最大间距不应大于 8 km；

    2 天然气管道分段阀宜设置在综合管廊外部。如分段阀设在综合管廊内，应具有远程关闭功能和耐火性能。

12.4.9 天然气管道进出综合管廊时应设置具有远程关闭功能的紧急切断阀。

12.4.10 天然气管道进出综合管廊附近的埋地管线、放散管、天然气设备等均应满足防雷、防静电接地要求。

12.4.11 天然气管道进出管廊时，应将天然气管道敷设于套管内。套管伸出构筑物外壁不应小于 0.5 m。套管两端应采用柔性的防腐、防水材料密封。

12.4.12 天然气管道强度设计应根据管段所处地区等级和运行条件，按可能同时出现的永久荷载和可变荷载的组合进行设计。

12.5 热力管道

12.5.1 热力管道设计应符合现行行业标准《城镇供热管网设计规范》CJJ 34 和《城镇供热管网结构设计规范》CJJ 105 的规定。

12.5.2 热力管道应采用无缝钢管、保温层、外护管紧密结合成一体的预制管，预制管应符合国家现行标准《高密度聚乙烯外护管硬质聚氨酯泡沫塑料预制直埋保温管及管件》GB/T 29047 和《玻璃纤维增强塑料外护层聚氨酯泡沫塑料预制直埋保温管》CJ/T 129 的规定。管道附件必须进行保温。热力管道及配件保温材料应采用难燃型或不燃材料。

12.5.3 管道及附件保温结构的表面温度不得超过 50 ℃。保温设计应符合国家现行标准《设备及管道绝热技术通则》GB/T 4272、《设备及管道绝热设计导则》GB/T 8175 和《工业设备及管道绝热工程设计规范》GB 50264 的有关规定。

12.5.4 热力管道应考虑热补偿，可采用自然补偿、管道补偿器，管道的温度变形应充分利用管道的转角管段进行自然补偿。

12.5.5 热力管道可与给水管道、再生水管道、通信线路同舱敷设，但热力管应高于给水管道、再生水管道，并且给水管道、再生水管道应做绝热层和防水层。

12.5.6 当同舱敷设的其他管道要求控制舱内温度时，应按舱内温度条件校核保温层厚度。

12.5.7 当热力管道采用蒸汽介质时，排气管应引至综合管廊外部安全空间，并应与周边环境相协调。

12.5.8 热力管道的连接应采用焊接；有条件时管道与设备、阀门等连接也应采用焊接。当设备、阀门等需要拆卸时，可采用法兰连接。

12.5.9 综合管廊内的热力管道进入建筑物或穿过构筑物时，管道穿墙处应封堵严密。

12.6 电力电缆

12.6.1 电力电缆应采用 C 级及以上阻燃电缆或不燃电缆。

12.6.2 应对综合管廊内的电力电缆设置电气火灾监控系统。在电缆接头处应综合设置耐火防爆槽盒（隔板）、防火门、自动灭火装置、防火涂料、防火包带等电缆防火防爆措施。

12.6.3 电力电缆敷设安装应按支架形式设计，并应符合现行国家标准《电力工程电缆设计规范》GB 50217、《电力电缆隧道设计规程》DL/T 5484 和《交流电气装置的接地设计规范》GB/T 50065 的有关规定。

12.6.4 电缆支架的层间垂直距离应满足敷设电缆及其固定、安置接头的要求，同时应满足电缆纵向蛇形敷设幅宽及温度升高所产生的变形量要求。电缆支架间的最小净距不宜小于表 12.6.4 的规定。

表 12.6.4 电缆支架的层间最小净距

电缆类型及敷设特征		支架层间最小净距/mm
控制电缆		120
电力电缆	电力电缆每层多于一根	$2d + 50$
	电力电缆每层一根	$d + 50$
	电力电缆三根品字形布置	$2d + 50$
	电缆敷设于槽盒内	$h + 80$

注：h 表示槽盒外壳高度，d 表示电缆最大外径。

12.6.5 电缆支架离顶板或梁底的最小净距，当最上层支架放置电缆时，不宜小于表 12.6.4 所得值再加 150 mm 的和值；当最上层支架放置其他管线时，不宜小于 300 mm；最下层支架距地坪、沟道底部的最小净距不宜小于 100 mm。

12.6.6 管廊内需布置电缆接头时，电缆支架层间布置应满足电缆接头的放置要求，以能方便地安装电缆接头为宜。

12.6.7 电缆支架的材料选型应满足下列要求：

1 机械强度应能满足电缆及其附件荷重、施工作业时附加荷重、运行中的动荷载的要求，并留有足够的裕度；

2 表面光滑，无尖角和毛刺；

3 应采用不燃烧材料制作。

12.6.8 交流单芯电缆的固定夹具应选用非铁磁性材料。

12.7 通信线缆

12.7.1 通信线缆应采用阻燃线缆。

12.7.2 通信线缆敷设安装应按桥架形式设计，并应符合国家现行标准《综合布线系统工程设计规范》GB 50311 和《光缆进线室设计规定》YD/T 5151 的有关规定。

12.8 管线抗震

12.8.1 纳入综合管廊内的管线均应进行抗震设计，其支吊架的支撑的形式、间距、固定方式应通过计算确定，并应符合现行国家标准《建筑机电工程抗震设计规范》GB 50981 的有关规定。

12.8.2 组成管线抗震支吊架的所有构件宜采用成品构件，连接紧固件的构造应便于安装。

13 附属设施设计

13.1 一般规定

13.1.1 综合管廊的附属设施应能满足日常运营和管理的需要。

13.1.2 附属建筑物的设计应满足国家及地方现行相关标准的规定。

13.1.3 舱室内沿走道设置的附属设施不得影响检修通道净宽。

13.1.4 天然气管道舱内机电设备选型、电气及照明设计、监控与报警设计、接地设计等应符合国家现行《爆炸危险环境电力装置设计规范》GB 50058 有关爆炸气体环境防爆规定。

13.1.5 综合管廊附属设施及构件应进行抗震设计，并应符合国家现行标准《建筑机电工程抗震设计规范》GB 50981 和《非结构构件抗震设计规范》JGJ 339 的相关规定。

13.2 消防系统

13.2.1 含有下列管线的综合管廊舱室火灾危险性分类应符合表 13.2.1 的规定。

表 13.2.1 综合管廊舱室火灾危险性分类

舱室内容纳管线的种类	舱室火灾危险性类别
天然气管道	甲
阻燃电力电缆	丙
通信线缆	丙

舱室内容纳管线的种类		舱室火灾危险性类别
热力管道		丙
污水管道		丁
雨水管道、给水管道、再生水管道	塑料管等难燃管材	丁
	钢管、球墨铸铁管等不燃管材	戊

注：当舱室内含有两类及以上管线时，舱室火灾危险性类别应按火灾危险性较大的管线确定。

13.2.2 综合管廊主体结构的燃烧性能应为不燃性，耐火极限不应低于 3.0 h。

13.2.3 除嵌缝材料外，综合管廊内装修材料应采用不燃材料。

13.2.4 综合管廊的不同舱室之间应采用耐火极限不低于 3.0 h 不燃烧体结构进行防火分隔。

13.2.5 容纳电力电缆、天然气管道的综合管廊舱体内防火分区间距应不大于 200 m，容纳通信线缆、热力管道的综合管廊舱体内防火分区间距应不大于 400 m。防火分区应设置耐火极限不应低于 3.0 h 的防火墙、甲级防火门。

13.2.6 综合管廊的交叉口及各舱室交叉部位应设置耐火极限不低于 3.0 h 的防火隔墙、甲级防火门进行防火分隔。

13.2.7 管廊内管线穿越不同舱室或在同一舱室穿越防火墙和防火隔墙时，孔隙应采用耐火极限不低于 3.0 h 的防火封堵材料封堵。

13.2.8 综合管廊应在沿线、人员出入口、逃生口等处应设置灭火器、黄沙箱等灭火器材，灭火器材设置间距不应大于 50 m，灭火器的配置应符合现行国家标准《建筑灭火器配置设计规范》GB 50140 的有关规定。在综合管廊电力舱、燃气舱的人员出入口、逃生口处宜设置防毒面具，每个设置点不少于两具。防毒面具的选用符合现行国家标准《呼吸防护自吸过滤式防毒面具》GB 2890 的要求。

13.2.9 干线综合管廊中容纳电力电缆的舱室、支线综合管廊中容纳 6 根及以上电力电缆的舱室应设置自动灭火系统，其他容纳电力电缆的舱室宜设置自动灭火系统。

13.2.10 综合管廊内的电缆防火与阻燃应符合国家现行标准《电力工程电缆设计规范》GB 50217 和《电力电缆隧道设计规程》DL/T 5484 相关规定。

13.2.11 干线、支线综合管廊含电力电缆的舱室应设置火灾自动报警系统。火灾自动报警系统的设计除应符合现行国家《火灾自动报警系统设计规范》GB 50116 相关规定外，尚应满足下列要求：

1 应在电力电缆表层设置线形感温探测器，并应在舱室顶部设置线型光纤感温火灾探测器或感烟火灾探测器；

2 手动报警按钮应设置在人行通道旁便于操作的位置，每个手动报警按钮处宜设置消防电话插孔；

3 应设置防火门监控系统；

4 火灾确认后，应能联动关闭常开防火门、开启应急照明、关闭着火防火分区及其相邻防火分区通风设备、启动自动灭火系统、开启着火防火分区及其相邻防火分区门禁系统。

13.3 通风系统

13.3.1 综合管廊宜采用自然进风和机械排风相结合的通风方式。天然气管道舱和含有污水管道的舱室应采用机械进、排风的通风方式。

13.3.2 综合管廊的通风量应根据通风区间、截面尺寸并经计算确定，且应符合下列规定：

　　1 正常通风换气次数不应小于 2 次/小时，事故通风换气次数不应小于 6 次/小时；

　　2 天然气管道舱正常通风换气次数不应小于 6 次/小时，事故通风换气次数不应小于 12 次/小时；

　　3 舱室内天然气浓度大于 20%LEL 时，应启动事故段分区及其相邻分区的事故通风设备。

13.3.3 综合管廊通风机的设计风压应按通风管路的压力损失进行计算，并附加 10% ~ 15%。当管廊断面变化及管道内的管线种类繁多时，对于风机设计风压的计算，摩擦损失应考虑 20%的安全系数。

13.3.4 综合管廊的通风口处出风风速不宜大于 5 m/s，通风口处的噪声应符合环保要求。

13.3.5 综合管廊的通风口应加设防止小动物进入的金属网格，网孔净尺寸不应大于 10 mm × 10 mm。

13.3.6 综合管廊的通风口应设置防止非法入侵的措施，并应确保有效通风面积。

13.3.7 综合管廊的通风设备应符合节能环保要求。天然气管道舱风机应采用防爆风机。

13.3.8 综合管廊内应设置事故后机械排烟设施，排烟风机应选用消防专用风机。

13.4 供配电系统

13.4.1 综合管廊供配电系统接线方案、电源供电电压、供电点、供电回路数、容量等应依据综合管廊建设规模、周边电源情况、综合管廊运管模式，并经技术经济比较后确定。

13.4.2 综合管廊的负荷分级及供配电系统设计应符合国家现行的《供配电系统设计规范》GB 50052 相关规定，并应满足下列要求：

1 消防设备用电、应急照明用电、控制中心用电、监控与报警设备用电、天然气管道舱的事故风机及管道紧急切阀装置用电应为二级负荷，其余用电设备可为三级负荷；

2 综合管廊宜采用双重电源供电；

3 综合管廊的变电站或装置宜设置于地面，当设置在地下时，应采取防止被水淹的措施；

4 综合管廊内的低压配电应采用交流 220 V/380 V 系统，系统接地形式应为 TN-S 制，并宜使三相负荷平衡；

5 综合管廊应以防火分区作为配电单元，各配电单元电源进线截面应满足该配电单元内设备同时投入使用时的用电需求；

6 设备受电端电压应能满足设备正常运行需要，动力设备的电压偏差不宜超过标称电压的 ±5%，照明设备不宜超过+5%、－10%；

7 各配电单元电源进线侧开关的状态信号应传输至监控中心；

8 综合管廊应根据当地供电部门要求和运营管理需要设置电能计量装置，电能计量装置宜选用带远程通信接口的电能计量装置，计量数据传输至监控中心；

9 电力舱室内为管廊供电的低压电缆应与其他电缆分别设置电缆桥架。

13.4.3 非消防设备的供电及控制电缆应采用阻燃电缆，天然气管道舱内的电气线路不应有中间接头。

13.4.4 消防设备供配电应满足《建筑设计防火规范》GB 50016 相关要求，火灾时需继续工作的消防设备的供电及控制电缆应采用耐火电缆或不燃电缆。

13.4.5 综合管廊内电气设备应符合下列规定：

1 电气设备防护等级应适应地下环境的使用要求，应采取防水防潮措施，防护等级不应低于 IP54；

2 电气设备应安装在便于维护和操作的地方，不应安装在低洼、可能受集积水入侵的地方；

3 电源总配电箱宜安装在管廊出入口处；

4 天然气管道舱内的电气设备应符合现行国家标准《爆炸危险环境电力装置设计规范》GB 50058 有关爆炸性气体环境 2 区的防爆规定。

13.4.6 综合管廊内应设置带剩余电流动作保护的检修插座箱，插座箱设置应符合下列规定：

1 插座箱进线端应设置隔离电器和设置额定电流不低于 32A 的保护电器；

2 插座箱内各分回路应设置剩余电流保护装置；

3 箱内宜设置单相三孔和单相两孔 16 A 插座各不少于 1 只、

三相 20 A 插座一只,并宜预留额定电流为 25 A 的保护电器一只;

    4 插座箱间距不宜大于 60 m,与防火隔墙间的距离不宜大于 30 m,插座箱安装高度不宜小于 0.5 m;

    5 天然气管道舱内的检修插座应满足防爆要求。

13.4.7 综合管廊每个分区的人员进出口宜设置本分区通风设备、照明的控制开关。

13.4.8 综合管廊接地应符合现行国家标准《交流电气装置的接地设计规范》GB/T 50065、《建筑物防雷设计规范》GB 50057 和《电力电缆隧道设计规程》DL/T 5484 的相关规定,并应符合下列规定:

    1 宜利用廊体及附属建筑物的基础钢筋作为接地体;当无法利用基础钢筋作接地体或无基础钢筋时,宜在混凝土垫层内通长敷设人工接地体。接地电阻应不大于 1 Ω。

    2 接地体应与廊体钢筋作可靠的电气连接,人工接地体应在管廊变形缝处两端与廊体钢筋进行焊接。

    3 宜在管廊风井、出入口等处室外距地 0.5 m 处设置接地测试点。

    4 应在敷设有高压电缆的舱室内两侧各设置一根 50 mm × 5 mm 扁铜带作为接地线,应在其他舱室内两侧各设置一根 50 mm × 5 mm 热镀锌扁钢作为接地线,接地线应在管廊变形缝处两端与廊体钢筋连通。管廊内的金属管道、金属桥架、金属构件、电缆金属外壳等应与接地线进行可靠的电气连接。

    5 装配式综合管廊应在每段廊体的内外侧设置与接地体和接地线连接的装置,装置应与廊体钢筋焊接。

13.4.9 综合管廊工程应根据现行国家标准《建筑物防雷设计规

范》GB 50057 采取相应的防雷措施。

13.5 照明系统

13.5.1 综合管廊内应设置正常照明和应急照明，并应符合下列规定：

1 综合管廊正常照明的照度标准、统一眩光限值 UGR、一般显色指数 Ra 应符合表 13.5.1 的规定，其照度均匀度不应低于 0.6。

表 13.5.1 综合管廊内的照明标准值

房间名称及场所	参考平面及其高度	照度标准值/lx	UGR	Ra
管道舱	地面	100	≤19	≥80
监控室	0.75 m 水平面	300	≤19	≥80
人行通道	地面	75	≤19	≥80

注：照度标准值为维持平均照度值。

2 管廊内疏散应急照明的地面照度不应低于 5.0 lx，其应急电源持续供电时间不应小于 60 min。

3 在管廊内出入口、各防火分区防火门上方以及逃生口处应设置安全出口标识灯。

4 在管廊内应设灯光疏散指示标识，其安装高度为距地 1.0 m 以下，间距不应大于 20 m。

5 监控室、消防控制室、消防水泵房、自备柴油发电机房、配电室应设置备用照明，其作业面的最低照度不应低于正常照明的照度。

13. 5. 2　综合管廊内灯具及光源选择应符合下列规定：

　　1　应选用防触电等级不低于Ⅰ类的灯具；

　　2　管廊内应选用防潮型灯具，防护等级不宜低于 IP65，并应具有防外力冲撞的防护措施；

　　3　管廊内宜选用条形灯具；

　　4　管廊照明灯具应选用节能型光源，宜优先选用 LED 光源。

13. 5. 3　正常照明灯具宜设置在管廊顶部；当单侧布置管线时，灯具可设置在管线对侧墙面。设置于管廊顶部的灯具宜吸顶安装。

13. 5. 4　综合管廊内照明应能分组或分场景进行控制，在各分区两端及出入口处应能就地控制，应能在控制中心集中控制。就地控制优先级高于集中控制。

13. 5. 5　综合管廊的照明系统应采取防触电的安全措施。Ⅰ类灯具能触及的可导电部分应与保护接地（PE）线连接；当正常照明采用交流 220 V 电压供电时，其回路宜设置动作电流不大于 30 mA 的剩余电流保护装置。安装高度低于 2.2 m 的照明灯具应采用 24 V 及以下安全电压供电。

13. 5. 6　照明回路的分支线路应采用硬质铜导线，截面面积不应小于 2.5 mm^2。线路明敷设时应采取线槽或保护导管方式布线。天然气舱内的照明线路应采用低压流体输送用镀锌焊接钢导管配线，并应进行隔离密封防爆处理。

13.6　监控与报警系统

13. 6. 1　综合管廊监控与报警系统宜分为环境与设备监控系

统、通信系统、预警与报警系统、地理信息系统和统一管理信息平台等。

13.6.2 监控与报警系统的组成及其系统架构、系统配置应根据综合管廊建设规模、纳入管线的种类、综合管廊运营维护管理模式等综合确定。

13.6.3 监控、报警和联动反馈信号应送至监控中心。

13.6.4 综合管廊应设置环境与设备监控系统，并应符合下列规定：

1 应能对综合管廊内环境参数进行监测与报警。环境参数检测内容应符合表13.6.4的规定，含有两类及以上管线的舱室，应按较高要求的管线设置。气体报警设定值应符合国家现行标准《密闭空间作业职业危害防护规范》GBZ/T 205 的有关规定。

表 13.6.4　环境参数检测内容

舱室容纳管线类别	给水、再生水、雨水管道	污水管道	天然气管道	热力管道	电力管线	通信管线
温度	●	●	●	●	●	●
湿度	●	●	●	●	●	●
水位	●	●	●	●	●	●
O_2	●	●	●	●	●	●
H_2S 气体	▲	●	▲	▲	▲	▲
CH_4 气体	▲	●	●	▲	▲	▲
CO	—	—	—	—	▲	—

注：●应监测、▲宜监测

2 需设置 O_2、H_2S、CH_4 气体探测器的舱室，探测器应设置在靠近人员出入口及排风口处，且探测器离排风口距离不宜小于 5 m。燃气舱阀门处应设置 CH_4 探测器，燃气舱室宜每隔 15 m 设置一个 CH_4 探测器。温湿度、水位探测器宜设置在舱室的中部，水位探测器宜选用投入式水位探测器且设在集水井内。

3 应对通风设备、排水泵、照明等电气设备等进行状态监测和控制。设备控制方式应具有就地手动、就地自动、远程控制方式。

4 应设置与管廊内各类管线配套检测设备、控制执行机构联通的信号传输接口。当管线采用自成体系的专业监控系统时，应通过标准通信接口接入综合管廊监控与报警系统统一管理平台。

5 舱室内的环境及设备监控系统的产品应采用工业级产品，防护等级应不低于 IP65。

6 舱室内传感器宜采用低压直流供电，供电的直流电源宜具有短路、过流、过压等保护功能。

7 天然气管道舱应设置可燃气体探测报警系统，并应符合下列规定：

1）天然气报警浓度设定值（上限值）不应大于其爆炸下限（体积分数）的 20%；

2）天然气探测器应接入可燃气体报警控制器；

3）当天气气管道舱天然气浓度超过报警浓度设置值（上限值）时，应由可燃气体报警控制器或者消防联动控制器联动启动天然气舱事故段分区及其响应分区的事故通风设备；

4）紧急切断浓度设定值（上限值）不应大于其爆炸下限

值（体积分数）的 25%；

5）当天气气管道舱天然气浓度超过紧急切断设置值（上限值）时，控制系统应能联动断开本舱室及相邻舱室除送风机外的所有非本质安全型设备的电源，并切断气源。

13.6.5 综合管廊应设置通信系统，并应符合下列规定：

1 应设置固定式通信系统，电话应与监控中心接通，信号应与通信网络联通。综合管廊人员出入口或每一防火分区内应设置通信点；不分防火分区的舱室，通信点设置间距不应大于100 m。

2 固定式电话与消防专用电话合用时，应采用独立通信系统。

3 除天然气管道舱，其他舱室内宜设置用于对讲通话的无线信号覆盖系统。

13.6.6 综合管廊应设置统一管理平台，并应符合下列要求：

1 应对监控与报警系统各组成系统进行集成，并具有数据通信、信息采集和综合处理能力，可实现监测参数与控制设备联动控制功能；

2 应具有与各专业管线配套监控系统联通功能；

3 应具有与各专业管线单位相关监控平台联通功能；

4 应具有与城市市政基础设施地理信息系统联通的功能或者预留接口；

5 应具有为综合管廊和内部各专业管线提供基础数据管理、图档管理、管线拓扑管理、数据维护、维修与改造管理、基础数据共享等功能；

6 应具有为综合管廊监控与报警、调度和应急提供人机交互界面的功能；

7 管理平台应具标准、开放的通信接口，可接入标准通信接口的设备。

13.6.7 在舱室中可设置巡检机器人，设置的机器人宜符合下列规定：

    1 具有自动控制、手动控制、远程遥控的巡检功能；

    2 正常巡检时工作行进速度不低于 1 km/h；

    3 采用电池工作的机器人，单次电池充满电后连续工作时间不小于 8 h；

    4 具有温度、湿度、O_2、H_2S、CH_4 检测功能；

    5 具有对热源检测、隐患报警红外热成像仪；

    6 具有位置定位功能；

    7 具有实时数据和图像传输功能。

13.7 排水系统

13.7.1 综合管廊内应设置自动排水系统。

13.7.2 综合管廊的排水区间长度不宜大于 200 m。

13.7.3 综合管廊集水坑及排水泵设置应满足下列要求：

    1 应在综合管廊的低点设置集水坑及自动水位排水泵；

    2 每个防火分区宜单独设置集水坑，坑内宜设置一备用排水泵，高水位时备用泵可投入工作。

13.7.4 综合管廊每个舱室底板两侧宜设置排水明沟，并通过排水明沟将综合管廊内积水汇入集水坑，排水明沟的坡度宜与廊体保持一致，并不应小于 0.2%，明沟深度可取 0.1 m。

13.7.5 综合管廊的排水应就近接入城市雨水排水系统的检查

井、沟渠等处，不应接入雨水口。排出管上应设置逆止阀。

13.7.6 天然气管道舱应设置独立集水坑。

13.7.7 综合管廊排出的废水温度不应高于 40 ℃。

13.8 标识系统

13.8.1 综合管廊的主出入口内应布置综合管廊介绍牌，并应标明综合管廊建设的时间、规模、容纳管线等情况。

13.8.2 纳入综合管廊的管线，应采用符合管线管理单位要求的标识进行区分，并应标明管线属性、规格、产权单位名称、紧急联系电话。标识应设置在醒目位置，间隔距离不应大于 100 m。

13.8.3 在综合管廊的设备旁边应设置设备铭牌，铭牌内应注明设备的名称、基本数据、使用方式及其紧急联系电话。

13.8.4 在综合管廊内应设置"禁烟""注意碰头""注意脚下""禁止触摸""防坠落"等警示、警告标识。

13.8.5 综合管廊内部应设置里程标识、上方道路路名及路口标识，交叉口处应设置方向标识。

13.8.6 在人员出入口、逃生口、管线分支口、灭火器材设置处等部位，应设置带编号的标识。

13.8.7 综合管廊穿越河道、铁路等障碍处，应在河道、铁路等两侧醒目位置设置明确标识。

13.8.8 沿综合管廊在其地面或正上方应设置警示标识，直线段设置间距不宜大于 200 m，在转弯处、分支处宜增设。

13.9 安全与防范系统

13.9.1 综合管廊工程应设置安全防范系统，安全防范系统宜分为视频监控系统、出入口管理系统和巡更系统等。

13.9.2 综合管廊的安全防范系统应符合现行国家标准《安全防范工程技术规范》GB 50348，《入侵报警系统工程设计规范》GB 50394、《视频安防监控系统工程设计规范》GB 50395和《出入口控制系统工程设计规范》GB 50396等有关规定。

13.9.3 综合管廊的视频监控系统应符合下列规定：

1 在管理中心出入口、设备间、各舱室出入口、变配电间和监控中心等场所应设置摄像机；廊内每个防火分区内应至少设置一台摄像机；不分防火分区的舱室，摄像机设置间距不应大于100 m。

2 宜选用带红外灯的高清、低照度彩色转黑白的摄像机。

3 视频监控的数据传输宜与环境设备监控等的网络分离。

4 视频监控系统应具备视频区域报警、人员移动报警功能。

13.9.4 综合管廊的出入口管理系统应符合下列要求：

1 人员出入口、通风口、投料口等处应设置入侵报警探测装置和声光报警器。

2 管理中心的出入口、各舱室出入口处应设置门禁，门禁应与消防系统联动；井盖应设置在线报警装置，装置应能满足逃生开启的要求。

13.9.5 综合管廊的电子巡更系统宜采用离线式。

13.10 综合管理中心

13.10.1 综合管廊工程应设置综合管理中心，其规模和位置应结合管廊规划确定。综合管理中心一般由监控中心、更衣间、休息间、卫生间、维修间等功能房间组成。

13.10.2 综合管理中心应有良好的通风、采光要求，宜设置在地上。当受条件所限，综合管理中心设在地下时，应采取通风、防涝、防潮等措施。

13.10.3 综合管理中心的入口及管廊出入口应设置防盗门等防入侵设施。

13.10.4 监控中心的门窗应为向外开启的乙级防火门窗。综合管理中心与综合管廊之间应设置耐火极限不应低于 2.0 h 的防火隔墙和乙级防火门进行分隔。

13.10.5 监控中心应按照现行国家标准《电子信息系统机房设计规范》GB 50174 中 C 级机房标准进行建设。

14 施工与验收

14.1 一般规定

14.1.1 施工单位应建立健全安全管理体系、质量管理体系、材料进场控制、材料现场复检及质量检验制度，确保项目的施工的安全与质量验收。

14.1.2 施工前应对综合管廊周边两倍基坑深度范围内的建（构）筑物、道路、桥梁、隧道、重要设施、地下管线等进行调查，制定安全专项施工方案，采取相应的监测、加固、防护、隔离、迁改、拆除或其他安全措施，确保周边环境安全。

14.1.3 综合管廊施工过程中对基坑支护结构及周边环境的监测应按照现行国家标准《建筑基坑工程监测技术规范》GB 50497的相关规定执行。

14.1.4 施工前应熟悉和审查施工图纸，并应掌握设计意图与要求。应实行自审、会审（交底）和签证制度。

14.1.5 施工项目应有施工组织设计和施工技术方案，并经审查批准。

14.1.6 施工前应根据工程需要进行下列调查：

    1 现场地形、地貌、地下管线、地下构筑物、其他设施和障碍物情况；

    2 工程用地、交通运输、施工便道等；

    3 施工给水、雨水、污水、动力等设施；

4 工程材料、施工机械、主要设备和特殊物资情况；

5 地表水水文资料，在寒冷地区施工时尚应掌握地表水的冻结资料和土层冰冻资料；

6 与施工有关的其他情况和资料。

14.1.7 综合管廊混凝土施工质量控制应符合现行国家标准《混凝土结构工程施工规范》GB 50666 的相关规定。

14.1.8 综合管廊混凝土工程的施工质量验收应按现行国家标准《混凝土结构工程施工质量验收规范》GB 50204 的相关规定执行。

14.1.9 综合管廊防水工程的施工与验收应按现行国家标准《地下防水工程质量验收规范》GB 50208 的相关规定执行。

14.1.10 综合管廊工程建设过程中应加强资料收集、整理、归档，竣工验收时资料应齐全，并满足城建档案的要求。

14.2 明挖法结构

14.2.1 明挖法施工前，应做好绿化迁移、交通疏解、房屋拆迁和保护、管线迁移和保护等前期工作。

14.2.2 深基坑施工前应深入调查了解建筑场地及周边的地表至支护结构底面下一定深度范围内地层结构、岩土性状、地下水等地质参数。在深基坑施工过程中，若发现实际开挖所揭露的地质条件与设计所参考的地质资料有异的，应及时进行处置。

14.2.3 基坑支护设计应根据支护结构类型和地下水控制方法，按下表 14.2.3 选择基坑监测项目，并应根据支护结构构件、基坑周边环境的重要性及地质条件的复杂性确定监测点的部位及数量。选用的监测项目及其监测部位应能够反映支护结构的安全状态和基坑周边环境受影响的程度。

表 14.2.3 基坑监测项目选择

监测项目	支护结构安全等级		
	一级	二级	三级
支护结构顶部水平位移	应测	应测	应测
基坑周边建（构）筑物、地下管线、道路沉降	应测	应测	应测
坑边地面沉降	应测	应测	应测
支护结构深部水平位移	应测	应测	选测
锚杆拉力	应测	应测	选测
支撑轴力	应测	宜测	选测
挡土构件内力	应测	宜测	选测
支撑立柱沉降	应测	宜测	宜测
支护结构沉降	应测	宜测	宜测
地下水位	应测	应测	选测
土压力	宜测	选测	选测
孔隙水压力	宜测	选测	选测

注：表内各监测项目中，仅选择实际基坑支护形式所含有的内容。

14.2.4 安全等级为一级、二级的支护结构，在基坑开挖过程与支护结构使用期内，应进行支护结构的水平位移监测和基坑开挖影响范围内建（构）筑物和地面的沉降监测。

14.2.5 基坑施工前应了解基坑周围的地表水以及场地下的地下水情况，做好坑周及坑内的明水排放，坑周地面防水措施以及施工现场硬化。对有可能排入或渗入基坑内的地面雨水、生活用水、上下水管渗漏应进行"堵、截、排"的处理。

14.2.6 当坑底含承压水层，上部土体压重不足以抵抗承压水水头时，应布置降压井降低承压水水头压力。

14.2.7 基坑土方开挖应分段开挖，不得超深度开挖，合理确定土方分层开挖层数、时间限制、尽可能减少基坑临空边的长度和高度。

14.2.8 当因降水而危及基坑及周边环境安全时，应采取有效措施处置。

14.2.9 采用内支撑的基坑应按"由上到下，先撑后挖"的原则施工，设置好的内支撑受力状况应和设计计算的工况一致。拆除支撑应有安全换撑措施，逐层进行，拆除下层支撑严禁损坏支护结构、主体结构、立柱和上层支撑，吊运拆除的支撑构件时不得碰撞支撑系统和结构工程。

14.2.10 对不良条件的基底地质应制定处理方案，并及时进行处理。

14.2.11 综合管廊模板施工前，应根据结构形式、施工工艺、设备和材料供应条件进行模板及支架设计。模板及支撑的强度、刚度及稳定性应满足受力要求。

14.2.12 回填土应均匀回填、分层压实，其压实度应符合设计文件或相关规定。每层填筑厚度及压实遍数应根据土质情况及所用机具，经过现场试验或参照其他类似工程确定。

14.2.13 综合管廊基坑施工及验收应按现行国家标准《建筑地基基础工程施工质量验收规范》GB 50202 的相关规定执行。

14.2.14 当采用分块预制拼装法施工时，其质量验收标准可参考《盾构法隧道施工与验收规范》GB 50446 的有关规定。

14.3 盾构法和顶管法结构

14.3.1 在盾构施工前应做好地质勘察、前期调查、技术准备、设备设施准备、施工作业准备等前期工作。盾构进入特殊地段及复杂地质条件地段的，应详细查明和分析地质状况和综合管廊周边环境状况，制定专项施工技术措施确保施工安全。

14.3.2 盾构机应依据地质条件、工期、造价、环境因素和场地条件等进行选型，确保开挖面稳定，有效控制地面沉降，有利于施工安全和环境保护。

14.3.3 应依据设计文件对盾构始发、接收洞段进行地基处理，确保凿除工作井围护结构后盾构始发前或盾构接收前土体自稳，不得有水土流失。

14.3.4 盾构始发前应安设反力架、定位负环管片、做好盾构防扭措施和基座两侧加固工作。始发掘进时应对盾构姿态进行复核，注意推力和扭矩的控制，加强始发掘进 100 m 过程中监测并依据监测结果调整掘进参数，盾尾出洞后应及时做好衬砌环和洞门的永久防水密封处理。

14.3.5 盾构到达接收工作井 100 m 前应对盾构轴线进行测量并

作调整，保证盾构准确进入接收洞门。盾构到达接收工作井10 m内应控制盾构掘进速度、开挖面压力等。盾构主机进入接收工作井后及时密封管片环与洞门间隙。

14.3.6 管片接缝防水黏结前应做好预留槽清洁工作，防水条与管片粘贴应紧密可靠，管片角隅处应加贴自粘性橡胶薄片。粘贴防水密封条后管片堆放应做好防雨、防潮措施。

14.3.7 当管片表面出现缺棱掉角、混凝土剥落等缺陷时，必须进行修补，修补材料强度不应低于管片强度，必要时应进行更换。

14.3.8 壁后注浆应根据工程地质条件、地表沉降状态、环境要求及设备情况等选择注浆方式和注浆参数。

14.3.9 盾构施工中应结合施工环境、工程地质和水文地质条件、盾构设备和掘进速度、监测仪器精度等制定监测方案。监测范围应包括综合管廊和沿线施工环境，地上、地下同一断面内的监测数据应同步采集，并对收集的同期盾构施工参数进行分析，对突发的变形异常情况必须启动应急监测预案。当实测变形值大于允许变形值的2/3时应及时采取相应措施。

14.3.10 管片制作应按设计要求做好预留预埋件的设置，盾构管片及成型综合管廊验收按照设计要求及现行国家标准《盾构法隧道施工与验收规范》GB 50446有关规定执行。综合管廊轴线控制标准：平面位置允许偏差±100 mm，高程允许偏差±100 mm。

14.3.11 顶管施工管节规格及其接口连接形式应符合设计要求。

14.3.12 工作井的结构必须满足井壁支护以及顶管推进后坐力作用等施工要求，其位置选择应符合相关规定。

14.3.13 应根据地质条件、周围环境控制要求、顶进方法、各项顶进参数和监控数据、顶管机工作性能等，确定顶进、开挖、出渣的作业顺序和调整顶进参数。

14.3.14 管道顶进过程中，应遵循"勤测量、勤纠偏、微纠偏"的原则，控制顶管机前进方向和姿态，并应根据测量结果分析偏差产生的原因和发展趋势，确定纠偏的措施。

14.3.15 应遵循"同步注浆与补浆相结合"和"先注后顶、随顶随注、及时补浆"的原则，制定合理的注浆工艺，确保顶进时管外壁和土体之间的间隙能形成稳定、连续的泥浆套。

14.3.16 顶管施工及验收应符合现行国家标准《城市桥梁工程施工与质量验收规范》CJJ 2 的有关规定。

14.4 矿山法结构

14.4.1 综合管廊洞室开挖方式应根据工程地质、水文地质、断面大小等条件确定，当采用分部开挖方式时，应保持各开挖阶段的围岩及支护的稳定性。

14.4.2 开挖采用爆破技术时，应合理选择爆破器材及起爆方式等。爆破参数应根据工程类比和爆破试验确定。

14.4.3 监控量测工作应结合开挖、支护作业的进程，按设计要求布点和监测，并根据现场实际情况及时调整补充，量测数据应及时分析、处理和反馈。

14.4.4 在复合式衬砌和锚喷衬砌管廊施工时应进行必测和选测项目的监测。监测项目应符合表 14.4.4 的规定。

表 14.4.4 管廊现场监控量测必测项目

序号	项目名称	必测/选测
1	洞内、外观察	必测
2	周边位移	必测
3	拱顶下沉	必测
4	地表下沉	浅埋段（埋深≤两倍开挖宽度）为必测；深埋段（埋深＞两倍开挖宽度）为选测
5	钢架内力	选测
6	围岩体内位移（洞内设点）	选测
7	围岩体内位移（地表设点）	选测
8	围岩压力	选测
9	两层支护间压力	选测
10	锚杆轴力	选测
11	支护、衬砌内应力	选测
12	围岩弹性波速度	选测
13	爆破震动	选测
14	渗水压力、水流量	选测

14.4.5 各项量测作业均应持续到变形基本稳定后 15 d~20 d 结束。

14.4.6 施工状况发生变化时（开挖下台阶、仰拱或撤除临时支护等），应增加监测频率。

14.4.7 应根据量测数据处理结果，及时提出调整和优化施工方案和工艺。围岩变形和速率较大时，应及时采取安全措施，并建议变更设计。

14.4.8 围岩稳定性、二次支护时间应根据所测得位移量或回归分析所得到最终位移量、位移速度及其变化趋势、管廊埋深、开挖断面大小、围岩等级以及支护所受压力、应力、应变等进行综合分析判定。

14.4.9 洞身开挖应符合下列规定：

1 不良地质段开挖前应做好预加固、预支护。

2 当前方地质出现变化迹象或接近围岩分界线时，应用地质雷达、超前小导坑、超前探孔等方法先探明管廊的工程地质和水文地质情况，方可进行开挖。

3 应严格控制欠挖。当石质坚硬完整且岩石抗压强度大于30 MPa 并确认不影响衬砌结构稳定和强度时，允许岩石个别凸出部分（每 1 m² 不大于 0.1 m²）凸入衬砌断面，锚喷支护时凸入不大于 30 mm，衬砌时不大于 50 mm，拱脚、墙脚以上 1 m 内不得超挖。

4 爆破开挖时应严格控制爆破震动。

5 洞身开挖在清除浮石后应及时进行初喷。

14.4.10 洞身开挖施工质量应符合表 14.4.10 规定。

表 14.4.10　洞身开挖施工质量标准

项次	项目		规定值或允许偏差	检查方法
1	拱部超挖/mm	破碎岩、软土等（Ⅳ、Ⅴ、Ⅵ级围岩）	平均 100，最大 150	激光断面仪
		中硬岩、软岩（Ⅱ、Ⅲ级围岩）	平均 150，最大 250	
		硬岩（Ⅰ级围岩）	平均 100，最大 200	
2	边墙超挖/mm	每侧	+100，−0	
		全宽	+200，−0	
3	仰拱、底板超挖/mm		平均 100，最大 250	水准仪：每 20 m 检查 3 处

14.4.11 喷射混凝土支护施工质量应符合表 14.4.11 规定。

表 14.4.11　喷射混凝土支护施工质量标准

序号	检查项目	规定值或允许偏差	检查方法和频率
1	喷射混凝土强度	在合格标准内	强度试验
2	喷射厚度	平均厚度≥设计厚度；检查点的 90% ≥设计厚度；最小厚度≥0.5 倍设计厚度，且≥50 mm	凿空法或雷达探测仪：每 10 m 检查一个断面，每个断面从拱顶中线起每 3 m 检查 1 点
3	空洞检测	无空洞、无杂物	

14.4.12 混凝土衬砌应符合下列要求：

1 所用材料的质量和规格必须满足设计要求；

2 防水混凝土必须满足设计要求；

3 防水混凝土粗集料粒径尺寸不应超过规定值；

4 基底承载力应满足设计要求，对基底承载力有怀疑时应做承载力试验；

5 拱墙背后的空隙必须回填密实。因严重超挖和塌方产生的空洞要制定具体处理方案经批准后实施。

14.4.13 混凝土衬砌施工质量应符合表 14.4.13 规定。

表 14.4.13　混凝土衬砌施工质量标准

序号	检查项目	规定值或允许偏差	检查方法和频率
1	混凝土强度	在合格标准内	试件强度试验报告
2	边墙平面位置（mm）	±10	尺量：全部

序号	检查项目	规定值或允许偏差	检查方法和频率
3	拱部高程（mm）	30	水准仪测量（按桩号）
4	衬砌厚度	不小于设计值	激光断面仪或地质雷达随机检查
5	边墙、拱部表面平整度（mm）	15	2 m直尺、塞尺：每侧检查5处；或断面仪测量

14.4.14 仰拱及底板施工质量应符合表 14.4.14 规定。

表 14.4.14 仰拱及底板施工质量标准

序号	检查项目	规定值或允许偏差	检查方法和频率
1	混凝土强度	在合格标准内	试件强度试验报告
2	仰拱（底板）厚度	不小于设计	水准仪：每10 m检查一个断面，每个断面检查5个点
3	钢筋保护层厚度/mm	≥50	凿孔检查：每10 m检查一个断面，每个断面检查3个点
4	顶面高程/mm	±15	水准仪：每一浇筑段检查一个断面

14.5 近接工程

14.5.1 应制定近接工程施工组织专项方案，方案应包括但不限于下列内容：

1 工程概况（包括地质情况、空间位置和相互关系）；

2 既有结构状态；

3 设计对策和施工方法；

4 施工工艺；

5 机具配置；

6 风险和施工对策；

7 组织机构；

8 应急预案。

14.5.2 应制定监控量测专项方案，并由有监测资质的第三方测量机构进行监测。监控量测方案应包括但不限于下列内容：

1 监测项目及方法；

2 监测点布置；

3 监测频率；

4 控制标准；

5 信息传递流程和方式；

6 报警和消警流程。

14.5.3 施工前应进行资料复核和进一步调查，核实近接建（构）筑物的空间位置、尺寸和结构状态。

14.5.4 及时分析施工引起的位移和受力变化规律，指导和变更施工方案。

14.5.5 当采用爆破施工时，应对最大临界振动速度和频率按净距、围岩级别、支护实施阶段分别进行控制，最大临界振动速度可通过试验确定，无资料时可参照《爆破安全规程》GB 6722 取值。

14.5.6 近接工程应依据被近接工程的主要功能要求和监测控制标准提出验收要求，不能满足时，应经专题论证或评估，通过后方能验收。

14.6 管线工程

14.6.1 当采用预制拼装法施工时,管廊内所有的管线支架、吊点、孔洞等埋件应在工厂预制时完成预埋、位置准确,现场安装宜采用螺栓连接,避免现场焊接。

14.6.2 给水、再生水管道施工与验收应符合下列要求:

1 工程所用管道元件、焊材、防腐层等工程材料应符合国家相关规定及设计要求;阀门应进行压力试验和密封试验。

2 管道支架(墩)位置、标高、坡度应符合设计要求,连接牢固;管道安装线形应平顺,管道无裂纹、突起、破损、渗水等现象。

3 管道接缝焊接施工及检验应符合现行国家标准《现场设备、工业管道焊接工程施工规范》GB 50236 和行业标准《承压设备无损检测第 2 部分射线检测》JB/T 4730.2、《承压设备无损检测第 3 部分超声检测》JB/T4730.3 的有关规定。

4 管道安装、功能性试验、管道防腐施工及验收应符合现行国家标准《给水排水管道工程施工及验收规定》GB 50268。

14.6.3 排水管施工及验收应符合现行国家标准《给水排水管道工程施工及验收规定》GB 50268。

14.6.4 天然气管道施工与验收应符合下列要求:

1 管道组成件的材质、管径、壁厚、防腐质量应满足设计要求及相关规范规定;

2 管道安装中心线、支架的标高和坡度应符合设计要求;

管道及管件表面不应有裂纹和明显损伤；

3 钢管焊接施工及检验应符合现行国家标准《现场设备、工业管道焊接工程施工规范》GB 50236 和行业标准《承压设备无损检测第 2 部分射线检测》JB/T 4730.2 的有关规定；

4 管道敷设、附件安装、防腐施工及试验验收应符合现行行业标准《城镇燃气输配工程施工及验收规范》CJJ 33 的有关规定。

14.6.5 热力管道施工与验收应符合下列要求：

1 供热管网中所用的管材和阀门等附件必须有制造厂的产品合格证。安装前核对型号，并检验合格。

2 管道支架（墩）位置、标高、坡度应符合设计要求，连接牢固。

3 补偿器、阀门的型号、规格和安装位置应符合设计要求。

4 供热管道焊接、安装、防腐和保温、压力试验、清洗、试运行施工与验收应符合现行国家标准《现场设备、工业管道焊接工程施工规范》GB 50236、《工业金属管道工程施工质量验收规范》GB 50184 和行业标准《城镇供热管网工程施工及验收规范》CJJ 28 的有关规定。

14.6.6 电力电缆施工与验收应符合下列要求：

1 电缆及其附件的运输、保管应符合产品标准要求。在运输装卸过程中，不应使电缆及电缆盘受到损伤。

2 电缆及其附件安装前电缆型号、规格、长度应满足要求，附件齐全。电缆封端严密，外观完好无损。

3 电缆敷设及支架的安装位置、标高应符合设计图纸要求，排列整齐、安装牢固、无歪斜现象。

4 电缆线路安装前应对综合管廊建筑结构、预埋件安装质量进行验收，应符合国家现行有关规范及设计要求。

5 电缆的敷设、附件安装施工及验收应符合现行国家标准《电气装置安装工程电缆线路施工及验收规范》GB 50168 的有关规定。

6 电缆接地装置安装施工应符合现行国家标准《电气装置安装工程接地装置施工及验收规范》GB 50169 的有关规定。

14.6.7 通信线缆施工与验收应符合下列要求：

1 工程所用的线缆和器材的品牌、型号、规格、数量、质量应满足设计文件和技术规范的要求。不符合标准或无出厂检验合格证的线缆和器材不得在工程中使用。

2 通信线缆安装前应对综合管廊建筑结构、预埋件安装质量进行验收，应符合国家现行有关规范及设计要求。

3 通信线缆支架、线槽的安装位置应符合设计图纸要求，排列整齐、安装牢固、无歪斜现象。

4 两线槽拼接处应平滑、无毛刺，线槽安装水平度、曲线度应符合国家现行有关规范及设计要求。

5 通信线缆安装施工及验收应符合现行国家标准《综合布线系统工程验收规范》GB 50312 和行业标准《通信线路工程验收规范》YD 5121 的有关规定。

14.7 附属工程

14.7.1 综合管廊预埋过路排管的管口应无毛刺和尖锐棱角。排管弯制后不应有裂缝和显著的凹瘪现象，弯曲程度不宜大于排管外径的 10%。

14.7.2 电缆排管的连接应符合下列规定：

1 金属电缆排管不得直接对焊，应采用套管焊接的方式。连接时管口应对准，连接应牢靠，密封应良好。套接的短套管或带螺纹的管接头的长度，不应小于排管外径的 2.2 倍。

2 硬质塑料管在套接或插接时，插入深度宜为排管内径的 1.1 倍 ~ 1.8 倍。插接面上应涂胶合剂粘牢密封。

3 水泥管宜采用管箍或套接方式连接，管孔应对准，接缝应严密，管箍应设置防水垫密封。

14.7.3 管线支架及桥架宜优先选用防潮湿、耐腐蚀的复合材料。

14.7.4 电缆支架的加工、安装及验收应符合现行国家标准《电气装置安装工程电缆线路施工及验收规范》GB 50168 的有关规定。

14.7.5 仪表工程的安装及验收应符合现行国家标准《自动化仪表工程施工及质量验收规范》GB 50093 的有关规定。

14.7.6 电气设备、照明、接地施工安装及验收应符合现行国家标准《电气装置安装工程电缆线路施工及验收规范》GB 50168、《建筑电气工程施工质量验收规范》GB 50303、《建筑电气照明装置施工与验收规范》GB 50617 和《电气装置安装工程接地装置施工及验收规范》GB 50169 的有关规定。

14.7.7 火灾自动报警系统施工及验收应符合现行国家标准《火灾自动报警系统施工及验收规范》GB 50166 的有关规定。

14.7.8 通风系统施工及验收应符合现行国家标准《风机、压缩机、泵安装工程施工及验收规范》GB 50275 和《通风与空调工程施工质量验收规范》GB 50243 的有关规定。

14.7.9 细水雾灭火系统施工及验收应符合现行国家标准《细水雾灭火系统技术规范》GB 50898 的有关规定，水喷雾灭火系统施工及验收应符合现行国家标准《水喷雾灭火系统技术规范》GB 50219，气体灭火系统施工及验收应符合现行国家标准《气体灭火系统施工及验收规范》GB 50263 的有关规定。

15 维护管理

15.1 维 护

15.1.1 综合管廊建成后，应由专业单位进行日常管理。

15.1.2 综合管廊的日常管理单位应建立健全维护管理制度，该制度应包含日常管养、定期管养、应急维护等相关内容，宜分别面向工程结构、附属配套、运营管线三大类系统进行分类细化。

15.1.3 综合管廊日常管理单位应建立健全工程维护档案，并应会同各专业管线单位编制管线维护管理办法、实施细则及应急预案。

15.1.4 综合管廊内的各专业管线单位应及时响应并积极配合综合管廊日常管理单位工作，确保综合管廊及管线的安全运营。

15.1.5 各专业管线单位应编制所属管线的年度维护维修计划，并应报送综合管廊日常管理单位，经协调后统一安排管线的维修时间。

15.1.6 城市其他建设工程毗邻综合管廊设施时，综合管廊管理单位应配合工程建设单位明确可能受到影响的综合管廊及管线设施。建设单位应按有关规定采取施工安全保护措施，确保综合管廊的运营安全。

15.1.7 综合管廊内实行动火作业时，应采取防火措施。

15.1.8 综合管廊内给水管道的维护管理应符合现行行业标准《城镇供水管网运行、维护及安全技术规程》CJJ 207 的有关规定。

15.1.9 综合管廊内排水管渠的维护管理应符合现行行业标准《城镇排水管道维护安全技术规程》CJJ 6 和《城镇排水管渠与泵站维护技术规程》CJJ 68 的有关规定。

15.1.10 利用综合管廊结构本体的雨水渠，每年非雨季清理疏通不应少于 2 次。

15.1.11 综合管廊的巡视维护人员应采取防护措施，并应配备防护装备。

15.1.12 综合管廊投入运营后应定期检测评定，对综合管廊本体、附属设施、内部管线设施的运行状况应进行安全评估，并应及时处理安全隐患。

15.1.13 宜根据地质勘察、设计、施工、监控、报警以及其他维护、运营信息，采用建筑信息模型（BIM）技术进行运营期维护管理。

15.2 资 料

15.2.1 综合管廊建设、运营维护过程中，档案资料的存放、保管应符合国家现行标准的有关规定。

15.2.2 综合管廊建设期间的档案资料应由建设单位负责收集、整理、归档。建设单位应及时移交相关资料。维护期间，应由综合管廊日常管理单位负责收集、整理、归档。

15.2.3 综合管廊相关设施进行维修及改造后，应将维修和改造的技术资料整理、存档。

15.2.4 综合管廊若采用 BIM 技术进行运营期维护管理，建设单位应负责建设期 BIM 资料的收集、整理，并移交相关资料，由综合管廊日常管理单位负责 BIM 资料的归档。维护期间，综合管廊日常管理单位应负责维护期 BIM 资料的收集、整理、归档。

附录 A　综合管廊结构混凝土胶凝材料配比和混凝土配合比

表 A-1　不同密实度指标对应模筑混凝土胶凝材料配方

密实度等级	各粉体材料占胶凝材料质量百分率/%			
	水泥	粉煤灰	矿粉	硅灰
Ma	100	—	—	—
Mb	70 ~ 85	15 ~ 30	—	—
Mc	50 ~ 75	10 ~ 20	15 ~ 30	—
Md	45 ~ 60	15 ~ 25	25 ~ 40	—
Me	35 ~ 55	10 ~ 20	25 ~ 40	5 ~ 8

注：胶凝材料各粉体材料的要求是：水泥用 42.5 级普通硅酸盐水泥，比表面积为 350 kg/m² 左右；粉煤灰用 I、II 级粉煤灰，比表面积为 550 kg/m² 左右；矿粉为 S105、S95 级以上矿粉，比表面积为 450 kg/m² 左右；硅灰比表面积为 20 000 kg/m² 左右。

表 A-2　不同密实度指标对应喷混凝土胶凝材料配方

密实度等级	各粉体材料占胶凝材料质量百分率/%				
	水泥	粉煤灰	矿粉	硅灰	石灰石粉
Ma	100	—	—	—	—
Mb	75 ~ 87	10 ~ 20	—	—	3 ~ 5
Mc	62 ~ 74	—	20 ~ 30	—	6 ~ 8
Md	48 ~ 66	10 ~ 15	15 ~ 25	—	9 ~ 12
Me	47 ~ 67	5 ~ 10	10 ~ 20	5 ~ 8	13 ~ 15

注：胶凝材料各粉体材料的要求是：水泥用 42.5 级普通硅酸盐水泥，比表面积为 380 kg/m² 左右；粉煤灰用 I 级粉煤灰，比表面积为 650 kg/m² 左右；矿粉用 S105 级矿粉，比表面积为 500 kg/m² 左右；硅灰比表面积 ≥20 000 kg/m²；石灰石粉比表面积 ≥600 kg/m²，$CaCO_3$ 含量在 95%以上。

表 A-3 不同强度等级对应模筑混凝土配合比

强度等级	胶凝材料用量/kg	水胶比	砂率/%	混凝土表观密度/（kg/m³）
C30	360 ~ 380	0.42 ~ 0.45	42 ~ 44	2 400
C35	380 ~ 400	0.40 ~ 0.42	41 ~ 42	2 400
C40	400 ~ 420	0.38 ~ 0.40	39 ~ 41	2 415
C45	420 ~ 460	0.35 ~ 0.38	37 ~ 39	2 430
C50	460 ~ 500	0.32 ~ 0.35	35 ~ 37	2 435

注：1 钢筋混凝土预制管片和预制管节混凝土配合比也可由预制厂确定，但胶凝材配方参考表 A-1 确定；

2 采用表中配合比必须使用高性能减水剂，同时保证减水剂与胶凝材料有很好的相容性；

3 选用粗骨料的压碎指标≤17%，针、片状颗粒总含量≤5%，含泥量≤0.5%，紧密空隙率≤40%；

4 选用细度模数为 2.5 ~ 3.0、含泥量 < 1.5%的河砂效果最佳，细度模数值越大，砂率取值就越大。

表 A-4 不同强度指标对应喷混凝土配合比

强度等级	胶凝材料用量/kg	水胶比	砂率/%	混凝土表观密度/（kg/m³）
C20	380 ~ 400	0.44 ~ 0.45	54 ~ 55	2 300
C25	400 ~ 420	0.43 ~ 0.44	53 ~ 55	2 300
C30	420 ~ 440	0.42 ~ 0.43	52 ~ 54	2 315
C35	440 ~ 460	0.40 ~ 0.42	50 ~ 52	2 330
C40	460 ~ 480	0.38 ~ 0.40	48 ~ 50	2 350

注：1 表中配合比只适用于湿喷工艺；

2 采用表中配合比必须使用减水率≥25%高效减水剂和无碱速凝剂，同时保证减水剂和速凝剂与胶凝材料有很好的相容性；

3 粗骨料选用 5 ~ 15 mm 豆石，压碎指标≤12%，针、片状颗粒总含量≤4%，含泥量≤0.5%，紧密空隙率≤40%；

4 细骨料选用细度模数 2.7 ~ 3.2 中粗砂，含泥量≤2.5%，泥块含量≤0.5%。

本规范用词说明

1　为便于在执行本规范条文时区别对待，对要求严格程度不同的用词说明如下：

　　1）表示很严格，非这样做不可的用词：

　　　　正面词采用"必须"，反面词采用"严禁"。

　　2）表示严格，在正常情况下均应这样做的用词：

　　　　正面词采用"应"，反面词采用"不应"或"不得"。

　　3）表示允许稍有选择，在条件许可时首先应这样做的用词：

　　　　正面词采用"宜"，反面词采用"不宜"。

　　4）表示有选择，在一定条件下可以这样做的用词，采用"可"。

2　条文中指明应按其他有关标准执行的写法为："应符合……的规定"或"应按……执行"。

引用标准名录

1 《钢筋混凝土用钢第 1 部分:热轧光圆钢筋》GB 1499.1

2 《钢筋混凝土用钢第 2 部分:热轧带肋钢筋》GB 1499.2

3 《钢筋混凝土用余热处理钢筋》GB 13014

4 《中国地震动参数区划图》GB 18306

5 《建筑地基基础设计规范》GB 50007

6 《建筑结构荷载规范》GB 50009

7 《混凝土结构设计规范》GB 50010

8 《室外给水设计规范》GB 50013

9 《室外排水设计规范》GB 50014

10 《建筑给排水设计规范》GB 50015

11 《建筑设计防火规范》GB 50016

12 《钢结构设计规范》GB 50017

13 《城镇燃气设计规范》GB 50028

14 《建筑照明设计标准》GB 50034

15 《供配电系统设计规范》GB 50052

16 《建筑物防雷设计规范》GB 50057

17 《爆炸危险环境电力装置设计规范》GB 50058

18 《建筑结构可靠度设计统一标准》GB50068

19 《自动化仪表工程施工及质量验收规范》GB 50093

20 《地下工程防水技术规范》GB 50108

21 《火灾自动报警系统设计规范》GB 50116

22　《内河通航标准》GB 50139

23　《建筑灭火器配置设计规范》GB 50140

24　《地铁设计规范》GB50157

25　《火灾自动报警系统施工及验收规范》GB 50166

26　《电气装置安装工程电缆线路施工及验收规范》GB 50168

27　《电气装置安装工程接地装置施工及验收规范》GB 50169

28　《电子信息系统机房设计规范》GB 50174

29　《工业金属管道工程施工质量验收规范》GB 50184

30　《建筑地基基础工程施工质量验收规范》GB 50202

31　《砌体结构工程施工质量验收规范》GB 50203

31　《混凝土结构工程施工质量验收规范》GB 50204

33　《钢结构工程施工质量验收规范》GB 50205

34　《地下防水工程质量验收规范》GB 50208

35　《电力工程电缆设计规范》GB 50217

36　《现场设备、工业管道焊接工程施工规范》GB 50236

37　《通风与空调工程施工质量验收规范》GB 50243

38　《气体灭火系统施工及验收规范》GB 50263

39　《工业设备及管道绝热工程设计规范》GB 50264

40　《给水排水管道工程施工及验收规范》GB 50268

41　《风机、压缩机、泵安装工程施工及验收规范》GB 50275

42　《建筑工程施工质量验收统一标准》GB 50300

43　《建筑电气工程施工质量验收规范》GB 50303

44　《综合布线系统工程设计规范》GB 50311

45　《综合布线系统工程验收规范》GB 50312

67　《城镇排水管道维护安全技术规程》CJJ 6

68　《城镇供热管网工程施工及验收规范》CJJ 28

69　《城镇燃气输配工程施工及验收规范》CJJ 33

70　《城镇供热管网设计规范》CJJ 34

71　《城镇燃气设施运行、维护和抢修安全技术规程》CJJ 51

72　《城镇排水管渠与泵站维护技术规程》CJJ 68

73　《城镇供热管网结构设计规范》CJJ 105

74　《城镇供水管网运行、维护及安全技术规程》CJJ 207

75　《装配式混凝土结构技术规程》JGJ 1

76　《普通混凝土用砂、石质量及检验方法标准》JGJ 52

77　《混凝土用水标准》JGJ 63

78　《非结构构件抗震设计规范》JGJ 339

79　《铁路隧道设计规范》TB10003

80　《通信线路工程设计规范》YD 5102

81　《通信线路工程验收规范》YD 5121

82　《碳素结构钢》GB/T 700

83　《低压流体输送用焊接钢管》GB/T 3091

84　《设备及管道绝热技术通则》GB/T 4272

85　《预应力混凝土用钢绞线》GB/T 5224

86　《输送流体用无缝钢管》GB/T 8163

87　《设备及管道绝热设计导则》GB/T 8175

88　《土工合成材料短纤针刺非织造土工布》GB/T 17638

89　《土工合成材料　长丝纺粘针刺非织造土工布》GB/T 17639

90　《土工合成材料　非织造复合土工膜》GB/T 17642

91　《预应力混凝土用螺纹钢筋》GB/T 20065

92　《结构工程用纤维增强复合材料筋》GB/T 26743

93　《高密度聚乙烯外护管硬质聚氨醋泡沫塑料预制直埋保温管及管件》GB/T 29047

94　《交流电气装置的接地设计规范》GB/T 50065

95　《混凝土结构耐久性设计规范》GB/T 50476

96　《城市通信工程规划规范》GB/T 50853

97　《密闭空间作业职业危害防护规范》GBZ/T 205

98　《玻璃纤维增强塑料外护层聚氨醋泡沫塑料预制直埋保温管》CJ/T 129

99　《水工隧洞设计规范》DLT 5195

100　《电力电缆隧道设计规程》DL/T 5484

101　《承压设备无损检测第 2 部分：射线检测》JB/T4730.2

102　《承压设备无损检测第 3 部分：超声检测》JB/T4730.3

103　《喷涂橡胶沥青防水涂料》JC/T 2317

104　《公路隧道设计细则》JTG T D70

105　《光缆进线室设计规定》YD/T 5151

106　《光缆进线室验收规定》YD/T 5152

四川省工程建设地方标准

四川省城市综合管廊工程技术规范

DBJ 51/T077 – 2017

条 文 说 明

制定说明

《四川省城市综合管廊工程技术规范》，经四川省住房和城乡建设厅 2017 年 6 月 22 日以川建标发〔2017〕430 号公告批准发布。

本规范制定过程中，编制组进行了大量的调查研究，总结了我国工程建设综合管廊的实践经验，同时参考了国外先进技术法规、技术标准，取得了重要技术参数。

为便于广大设计、施工、科研、学校等单位的有关人员在使用本规范时能正确理解和执行条文规定，《四川省城市综合管廊工程技术规范》编制组按章、节、条顺序编制了本规范的条文说明，对条文规定的目的、依据以及执行中需注意的有关事项进行了说明。但是，本条文说明不具备与标准正文同等的法律效力，仅供使用者作为理解和把握标准规定的参考。

目　次

1 总 则

1.0.1 本条引自现行国家标准《城市综合管廊工程技术规范》GB 50838—2015：由于传统直埋管线占用道路下方地下空间较多，管线的敷设往往不能和道路的建设同步，造成道路频繁开挖，不但影响了道路的正常通行，同时也带来了噪声和扬尘等环境污染，一些城市的直埋管线频繁出现安全事故。因而在我省城市建设和改造过程中，借鉴国外和国内发达城市的市政管线建设和维护方法，兴建综合管廊工程。

综合管廊实质是按照统一规划、设计、施工和维护原则，建于城市地下用于敷设城市工程管线的市政公用设施。

1.0.2 本条引自现行国家标准《城市综合管廊工程技术规范》GB 50838—2015 中第 1.0.2 条，综合管廊工程建设在我国和我省均处于起步阶段，一般情况下多为新建的工程，有条件情况下，也可以将一些地下人防工程和既有地下设施改建和扩建为综合管廊。

3 基本规定

3.0.1 本条引自《城市综合管廊工程技术规范》GB 50838—2015 中第 3.0.1 系：市政管线应因地制宜纳入综合管廊，各类工业管线可视规划情况纳入。一般来说，信息电（光）缆、电力电缆、给水管道比较容易纳入综合管廊，并可以同舱敷设；天然气、雨水、污水、热力管进入综合管廊需满足各自的安全规定，天然气管道及热力管道不得与电力管线同舱敷设，且天然气管道应单舱敷设。重力流排水管道应从城市专项规划出发，充分利用地形，结合现状，即排水条件、管径规模、管道深度、雨污水出流条件等做技术经济比较后确定，分段或局部进入综合管廊。

　　根据现行国家标准《城镇燃气设计规范》GB 50028，城镇燃气包括人工煤气、液化石油气以及天然气。液化石油气密度大于空气，一旦泄露不易排出，人工煤气中含有 CO 不宜纳入地下综合管廊，且随着经济的发展，天然气逐渐成为城镇燃气的主流，因此仅考虑天然气管线纳入综合管廊。

3.0.2 ~ 3.0.10　引自《城市综合管廊工程技术规范》GB 50838—2015 中第 3.0.2 ~ 3.0.10 条，其中第 3.0.2 条和第 3.0.9 条为强制性条文。

3.0.11　防灾的目的是减少灾害程度，减轻经济损失和人员伤亡。因此，需要根据防灾对象、重要程度和危害程度等不同因素来区别对待，采用不同的防灾水准，从而尽可能降低受灾后的经济损失、人员伤亡和减轻结构损伤。

防灾应按灾害的种类主要分为：防火、抗震、防洪、防冻等防灾功能。应根据其使用功能和地理地质特点分别确定其防灾类型。由于火灾事故的频发性以及各项资料显示火灾后的人员伤亡以及经济损失最为严重，综合管廊的防火需要放在防灾功能的地位。

3.0.12 在城市综合管廊的实际工程项目管理中，各个管线专业的设计工作是独立完成的，导致各专业的二维图纸所表现的内容在空间上很容易出现碰撞和矛盾，如果这些问题直到施工阶段才发现，势必会对工程项目质量和进度产生影响。在实际工程的运行中，全面、快速、便捷的信息管理有利于管廊结构和管线的监控、维修工作，并能为防灾减灾提供基础数据平台，从根本上提高城市基础设施的建设、运营和管理水平。

3.0.13 综合管廊中的主体结构、管线和附属设施的修建、维修成本和难易程度不同，宜考虑不同的设计使用年限、耐久性设计和维修策略，取得最佳的经济、技术、社会和环境效益。由于各工程管线的使用年限规定参差不齐，许多未有明确规定，导致设计、施工和维护的标准混乱，本规范特对工程管线系统（包括管线、支架和连接件）的使用年限进行了规定，旨在明确和统一这些部件的耐久性设计要求。

4 规　划

4.1　一般规定

4.1.1～4.1.5　引自《城市综合管廊工程技术规范》GB 50838—2015 中第 4.1.1～4.1.5 条，其中 4.1.3 条中根据"因地制宜、统筹建设"的原则，对现状已建成投运的 110 kV 及以上电力隧道、排水隧道等大型地下基础设施的迁改要进行技术经济论证，原则上予以保留。4.1.4 条为强制性条文。4.1.5 条中除主要内容外，综合管廊工程规划还包括建设的必要性和可行性分析、规模预测、建设区域、管线入廊分析、管廊三维控制线、重要节点控制、附属设施、配套设施等内容。

4.1.6　在新区开发建设、旧城更新改造和地铁开发建设中，应抓住时机，同步建设综合管廊工程，可大大提高城市地下空间的集约化利用，节省投资，减少施工的环境影响。

4.2　布　局

4.2.1～4.2.5　主要内容引自《城市综合管廊工程技术规范》GB 50838—2015 中第 4.2.1～4.2.5 并略有调整，其中 4.2.2 条为强制性条文。4.2.1 条中增加了与城市地下空间布局相适应的要求；4.2.2 条与各专项规划的衔接中，按照我国目前的规划编制情况，增加了城市地下空间综合利用规划、海绵城市规划、人防工程规划、防洪排涝规划等内容。

126

4.2.6 综合管廊一般在道路的规划红线范围内建设，当确需超越道路红线范围时，综合管廊平面布置方案应征得相关规划部门的批准。为了减少对其他的地下管线和构筑物建设造成的影响，综合管廊的平面线形一般应与道路的平面线形保持一致。

4.2.7 引自《城市综合管廊工程技术规范》GB 50838—2015中第 4.2.6。监控中心的选址应以满足其功能为首要原则，鼓励与城市气象、给水、排水、交通等监控管理中心或周边公共建筑合建，便于智慧型城市建设和城市基础设施统一管理。

4.3 位 置

4.3.1~4.3.3 主要内容引自《城市综合管廊工程技术规范》GB 50838—2015 中 4.4.1~4.4.5 条的内容并略有合并与调整。

4.3.2 条整合了《城市综合管理廊工程技术规范 GB 50838—2015 中 4.4.2~4.4.4 条的内容，规定了各级管廊在道路下的竖向位置。

4.3.4 综合管廊系统规划应明确管廊的竖向空间位置，并根据相关工程经验和实施的难易程度，提出了规划层次上的交叉避让原则和预留控制原则。综合管廊穿越河道（含渠）时，从安全、维护、管理及景观等因素考虑，优先从河道下部穿越。但我省许多城市以丘陵、山地为主，下穿河道或城市谷地，综合管廊需增大埋深，各类费用较高。因此，经过技术经济比较，此类情况下的综合管廊可考虑架空管桥或利用道路桥梁敷设的方式穿越，架空管桥一般可与道路桥梁并行架设。与地铁等轨道交通、地下人防设施和地下既有重要管涵等的关系属于地下空间规划的内容且应按 4.3.1 条执行。

4.4 断 面

4.4.1 引自《城市综合管廊工程技术规范》GB 50838—2015 中第 4.3.1 条并有所扩充，综合管廊断面形式除由管线种类、管线尺寸、管线的相互关系外，还需要考虑道路情况和占地大小，以及地质条件和施工方式等综合确定。并应考虑城市的发展和未预见到的设施需求，预留适当的管位空间。

4.4.2 ～ 4.4.3 主要引自《城市综合管廊工程技术规范》GB 50838—2015 中的 4.3.2 ～ 4.3.3 条。

4.4.4 引自《城市综合管廊工程技术规范》GB 50838—2015 中第 4.3.4 条，为强制性条文。天然气管道具有发生火灾和爆炸的可能，根据日本《共同沟设计指针》第 3.2 条："燃气隧道：考虑到对发生灾害时的影响等，原则上采用单独隧洞。"国家标准《城镇燃气设计规范》GB 50028—2006 中第 6.3.7 条："地下燃气管道……并不宜与其他管道或电缆同沟敷设。当需要同沟敷设时，必须采取有效的安全防护措施。"

4.4.5 引自《城市综合管廊工程技术规范》GB 50838—2015 中第 4.3.5 条，为强制性条文。根据行业标准《城镇供热管网设计规范》CJJ 34—2010 中第 8.2.4 条的要求："热水或蒸汽管道采用管沟敷设时，宜采用不通行管沟敷设，……"由于蒸汽管道发生事故时对管廊设施的影响大，应采用独立舱室敷设。

4.4.6 引自《城市综合管廊工程技术规范》GB 50838—2015中第 4.3.6 条，为强制性条文。根据国家标准《电力工程电缆设计规范》GB 50217—2007 中第 5.19 条规定："在隧道、沟、浅槽、竖井、夹层等封闭式电缆通道中，不得布置热力管道，严禁有易燃气体或易燃液体的管道穿越。"综合管廊自用电缆除外。

4.4.7 引自《城市综合管廊工程技术规范》GB 50838—2015中第 4.3.7 条，并有提高。110 kV 及以上电力电缆涉及城区主干网供电安全，运行环境要求较高（散热、通风等），一旦故障易导致大面积停电事件。根据电力部门实际运行经验，建议110 kV 及以上高压电力舱宜单独成舱，以确保电缆安全。由于高压或特高压电缆会产生磁场，可能对通信电缆的信号产生干扰，为维持通信的质量，故通信电缆与 110 kV 电力管线共舱时，不应同侧布置。

4.4.8 引自《城市综合管廊工程技术规范》GB 50838—2015中第 4.3.8 条，根据行业标准《城镇供热管网设计规范》CJJ 34—2010 中第 8.1.4 条的要求："在综合管沟内，热力网管道应高于自来水管道和重油管道，并且自来水管道应做绝热层和防水层。"

4.4.9 引自《城市综合管廊工程技术规范》GB 50838—2015中第 4.3.9 和 4.3.10 条，污水中可能产生具有一定的腐蚀性的有害气体，同时考虑综合管廊的结构设计和使用年限等因素，因此，污水进入综合管廊，无论压力流还是重力流，均应采用管道方式，不应利用综合管廊结构本体。

4.4.10 综合管廊内的各种管线的标准断面、标准配置及布置要求，除了要满足管廊断面内各专业管道（线缆）的相关设计和施工技术要求外，还必须符合现行的《电力管道建设技术规范》GB 11/T963、《电力工程电缆设计规范》GB 50217、《城市通信工程规划规范》GB/T 50853、《通信管道与通道工程设计规范》GB 50373、《城镇供热管网设计规范》CJJ 34、《给水排水工程管道结构设计规范》GB 50332、《给水排水管道工程施工及验收规范》GB 50268 和《城镇燃气设计规范》GB 50028等相关规范的要求。

5 勘 察

5.1 一般规定

5.1.2 工程重要性等级、场地和岩土复杂程度根据现行国家标准《岩土工程勘察规范》GB 50021 和行业标准《市政工程勘察规范》CJJ 56 确定。

5.1.3 勘察前必须取得勘察任务通知书，包括相应的图纸及资料，由设计单位在下达任务书时提供。

5.1.4 管廊工程多为浅埋工程，对地基基础的强度要求不高，一般地基土的承载力能满足其荷载要求。结合管廊工程的特点，管廊工程的勘察设计应解决以下问题：（1）判别当管廊穿越坚硬地层与软弱地层交界产生地基差异沉降导致管廊破坏的可能性。（2）判别软弱地基、液化地层地基的适宜性及处理措施。（3）穿越河床及岸坡时，应进行河床及岸坡稳定性分析。（4）当采用明挖法施工时，应考虑基坑边坡稳定性并提供适宜的支护方案。（5）当采用矿山法施工时，应考虑拱顶、侧墙并提供掌子面的稳定性和建议的支护方案。（6）当采用盾构法施工时，应考虑地层颗粒成分和级配情况。（7）当采用顶管法施工时，进行顶管顶力计算及土壁后背安全验算，并判别不利地层顶管的可实施性。（8）地下水对管廊施工的影响，如可能产生流砂、潜蚀、管涌等情况时，如何选取适宜的防治措施；如需采取降水排水措施时，如何选取适宜的降排水措施；如需采取抗浮措施时，如何选取适宜的抗浮措施。（9）地震震害及设防，如何加强管廊的抗震性。（10）不良地质（一般位于斜坡地段或山区地段）作用的危害，以及特殊性岩土对管廊安全的影响，应认真调查和研究分析。（11）对环境水、土对管材的腐蚀性进行分析，采取相应的防腐措施，加强管廊的耐久性。城市综合管廊工程勘察工作应结合管廊沿线的工程地质条件和设计要求，对以上可能出现的岩土工程问题进行评价论证，为设计施工提供相应的设计参数及措施建议。

5.2 勘察要求

5.2.1 可行性研究勘察工作应在管廊选线阶段进行，主要是搜集分析已有资料，对影响线路的控制点（如大中型河流穿越点、跨越点，不良地质发育点，特殊性岩土分布区）进行现场调查，适当进行钻探、物探。通过调查研究，方案比选，确定最佳线路方案，应既考虑线路走向的合理性，也考虑线路工程地质条件的适宜性。

5.2.3 初步勘察应初步查明管廊埋置深度范围内的地层岩性、成因，有无不良地质作用及其对工程建设的影响。

5.2.8 详细勘察对于开挖的大型综合管廊工程，可参考交通隧道工程的有关要求，并对围岩进行分类。

6 总体设计

6.1 一般规定

6.1.1 引自《城市综合管廊工程技术规范》GB 50838—2015 中第 5.1.1 条，综合管廊一般在道路的规划红线范围内建设，综合管廊的平面线形应符合道路的平面线形，当综合管廊从道路的一侧折转到另一侧时，往往会对其他的地下管线和构筑物建设造成影响，因而尽可能避免从道路的一侧转到另一侧。

6.1.2 引自《城市综合管廊工程技术规范》GB 50838—2015 中第 5.1.2 条。本条参照国家标准《城市工程管线综合规划规范》GB 50289—2016 中第 4.1.7 条规定，综合管廊一般宜与城市快速路、主干路、铁路、轨道交通、公路等平行布置，如需要穿越时，宜尽量垂直穿越，条件受限时，为减少交叉距离，规定交叉角不宜小于 60°。

6.1.3 部分引自《城市综合管廊工程技术规范》GB 50838—2015 中第 5.1.3 条，矩形断面的空间利用效率高于其他断面，因而一般具备明挖施工条件时往往优先采用矩形断面。但是当施工条件受到制约必须采用暗挖技术如顶管法、盾构法和矿山法施工综合管廊时，一般需要采用圆形断面或马蹄形断面。

6.1.4 引自《城市综合管廊工程技术规范》GB 50838—2015 中第 5.1.4 条，综合管廊内的管线为沿线地块服务，应根据规划要求预留管线引出节点。综合管廊建设的目的之一就是避免道路的开挖，在有些工程建设当中，虽然建设了综合管廊，但未能考虑到其他配套设施的同步建设，在道路路面施工完工后再建设，产生多次开挖路面或人行道的不良影响，因而要求在综合管廊分支口预埋管线，实施管线工作井的土建工程。

6.1.5 引自《城市综合管廊工程技术规范》GB 50838—2015中第 5.1.5 条。其他建（构）筑物主要指地下商业、地下停车场、地下道路、地铁车站以及地面建筑物的地下部分等。不同地下建（构）筑物工后沉降控制指标不一致，为了避免因地下建（构）筑物沉降差异导致天然气管线破损而泄漏，参照日本《共同沟设计指针》第 2 章基本规划中提到："6）在地铁车站房舍建筑部位或者一般部位的建筑物上建设综合管沟时，采用相互分离的构造为佳。如果采用一体式构造时，应该与有关人员协商后制定综合管沟的位置和结构规划。"故不建议与其他建（构）筑物合建。如确需与其合建，必须充分考虑相互影响。

6.1.6 引自《城市综合管廊工程技术规范》GB 50838—2015中第 5.1.6 条，参照现行国家标准《城镇燃气设计规范》GB 50028 中燃气管线与其他建（构）筑物间距的规定。

6.1.7 本条引自《城市综合管廊工程技术规范》GB50838—2015 中第 5.1.8 条，管道内输送的介质一般为液体或气体，为了便于管理，往往需要在管道的交叉处设置阀门进行控制。阀门的控制可分为电动阀门或手动阀门两种。由于阀门占用空间较大，应予以考虑。

6.1.9 引自《城市综合管廊工程技术规范》GB 50838—2015中第 5.1.11 条：本条参照国家标准《城镇燃气设计规范》GB 50028—2006 中第 6.6.14 条第 5 款的要求。

6.1.10 综合管廊的人员出入口、逃生口、吊装口、进排风口等露出地面的构筑物应满足城市美观要求，应与景观绿化、城市交通等协调统一。

6.2 平面设计

6.2.1 综合管廊的平面位置根据本规范 4.3.2 条确定，在有条件时，其先后顺序依次为绿化带、人行道、非机动车道。当综合管廊只能布置于机动车道下时，其逃生口、吊装口、通风口、人员出入口需采取相应措施引至机动车道以外。

6.2.2 本条参照国家标准《城市综合管廊工程技术规范》GB 50838—2015 中第 5.2.2 条规定。当满足表中的净距要求时还需进行近接影响分析，根据影响程度采取相应措施；当条件受限无法满足要求时，可根据近接影响分析采取相应措施降低或消除近接影响，减小净距要求。

6.2.3 综合管廊的转弯半径受管廊内管线的转弯半径要求控制，综合管廊转弯半径不应小于 3 m，当特殊情况管廊转角较大时，可设置转向井。

6.2.4 监控中心宜靠近综合管廊主线，为便于维护管理人员进出管廊，监控中心和综合管廊之间设置专用连接通道，并根据通行要求确定通道尺寸。

6.2.5 当管线进入综合管廊或从综合管廊引出时，由于敷设方式不同以及综合管廊与道路结构不同，容易产生不均匀沉降，进而对管线运行安全产生影响，应采取措施避免差异沉降对管线的影响。在管线进出综合管廊部位，应做好防水密封措施，避免地下水渗入综合管廊。

6.2.6 本条参照现行国家标准《电力工程电缆设计规范》GB 50217 以及行业标准《电力电缆隧道设计规范》DL/T 5484 的相关规定。电缆弯曲半径应符合表 1 的要求。

表 1 电缆敷设允许最小弯曲半径

电缆类型		允许最小弯曲半径	
		单芯	3 芯
交联聚乙烯绝缘电缆	≥66 kV	20D	15D
	≤35 kV	12D	10D
油浸纸绝缘电缆	铅包	30D	
	铅包 有铠装	20D	15D
	无铠装	20D	

6.3 纵断面设计

6.3.1 影响综合管廊覆土厚度的因素较多，其覆土厚度的差异对管廊的实施难易程度、经济性息息相关。确定覆土厚度时应综合考虑地下建筑设施埋深，不同区域的上部荷载情况和地质情况，一般不宜小于 2.5 m。在岩层埋深较浅的区域修建管廊宜浅埋以尽量能满足引出口、通风口的设置及道路横向管道的穿越即可。

6.3.2 综合管廊纵断面结合道路纵断面布置，其上部荷载基本一致，避免随机出现局部埋深过深的情况，保证管廊断面的标准性。在遇障碍物处采取特殊措施避让穿越，根据目前国内管廊建设经验，采用倒虹方式穿越的措施应用最多。

6.3.3 参照《城市工程管线综合规划规范》GB 50289—2016
中第 4.1.8 条规定。航道等级按照现行国家标准《内河通航标
准》GB 50139 规定划分。

6.3.4 综合管廊纵坡除满足管线敷设要求外，还应考虑管廊
内的排水需求，不应小于 0.3%。对敷设有高压电力电缆的综
合管廊，参考四川省电力公司印发的《四川省电力公司电力电
缆通道建设及验收工作标准》，其纵坡不宜大于 14%。

6.4 横断面设计

6.4.1 综合管廊横断面设计应结合施工方法、断面利用率等
因素，选择合适的断面形式。

6.4.2 考虑头戴安全帽的工作人员在综合管廊内作业或巡视
工作所需要的高度，并应考虑通风、照明、监控等因素。

《城市电力电缆线路设计技术规定》DL/T 5221—2016 中第
4.5.2 条第 1 款规定：电缆隧道内通道净高不宜小于 1 900 mm，
可供人员活动的短距离空间或与其他管沟交叉的局部段净高，
不应小于 1 400 mm。《电力工程电缆设计规范》GB 50217—
2007 中第 5.5.1 条规定：（1）隧道、工作井的净高，不宜小于
1 900 mm，与其他沟道交叉的局部段净高，不得小于 1 400 mm；
（2）电缆夹层室的净高，不得小于 2 000 mm。

考虑到综合管廊内容纳的管线种类数量较多及各类管线
的安装运行需求，同时为长远发展预留空间，结合国内工程实
践经验，本次规范修订综合管廊内部净高最小尺寸要求提高至
2.4 m。

6.4.4 综合管廊通道净宽首先应满足管道安装及维护的要求，同时还综合《城市电力电缆线路设计技术规定》DL/T 5221—2016 中第 4.1.4 条、《电力工程电缆设计规范》GB 50217—2007 中第 5.5.1 条的规定，确定检修通道的最小净宽。

对于容纳输送性管道的综合管廊，宜在输送性管道舱设置主检修通道，用于管道的运输安装和检修维护，为便于管道运输和检修，并尽量避免综合管廊内空气污染，主检修通道宜配置电动牵引车，参考国内小型牵引车规格型号，综合管廊内适用的电动牵引车尺寸按照车宽 1.4 m 定制，两侧各预留 0.4 m 安全距离，确定主检修通道最小宽度为 2.2 m。

根据国内综合管廊的实践经验，图 1 为综合管廊标准断面示意。

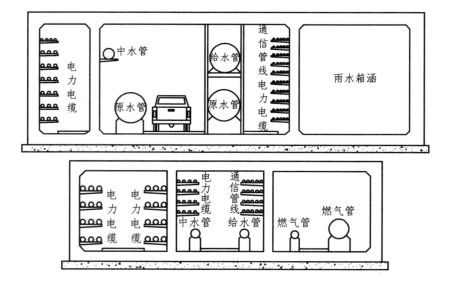

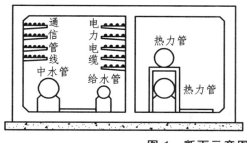

图 1　断面示意图

6.4.7　管道的连接方式一般为焊接、法兰连接、承插连接。根据日本《共同沟设计指针》的规定，管道周围操作空间根据管道连接形式和管径而定。

6.5　节点设计

6.5.2　综合管廊的吊装口、进排风口、人员出入口等节点是综合管廊必需的功能性要求。由于这些口部需要露出地面，往往会成为地面水倒灌的通道，为了保证综合管廊的安全运行，应当采取技术措施确保在道路积水期间地面水不会倒灌进管廊。

6.5.3　综合管廊人员出入口宜与吊装口功能整合，设置爬梯，便于维护人员进出。

6.5.4　设置逃生口是保证进入综合管廊人员的安全，蒸汽管道发生事故时对人的危险性较大，因此规定综合管廊敷设有输送介质为蒸汽管道的舱室逃生口间距比较小。逃生口尺寸的规定是考虑了消防人员救援进出的需要。

6.5.5 由于综合管廊内空间较小，管道运输距离不宜过大，根据各类管线安装敷设运输要求，综合确定吊装口间距不宜大于400 m。吊装口的尺寸应根据各类管道（管节）及设备尺寸确定，一般刚性管道按照6 m长度考虑，电力电缆需考虑其入廊时的转弯半径要求，有检修车进出的吊装口尺寸应结合检修车的尺寸确定。

6.5.6 综合管廊进风口及排风口应与防火分区的设置匹配。

6.5.7 综合管廊通风口为易进水部位，当外部未设置防雨措施时，雨水会经通风格栅或通风百叶进入管廊，此时应设置排水措施，将水排至就近的城市排水系统或管廊内的排水系统。

6.5.8 参照日本《共同沟设计指针》中第5.9.1条：自然通风口中"燃气隧洞的通风口应该是与其他隧洞的通风口分离的结构。"第5.9.2条：强制通风口中"燃气隧洞的通风口应该与其他隧洞的通风口分开设置"。为了避免天然气管道舱内正常排风和事故排风中的天然气气体进入其他舱室，并可能聚集引起的危险，做出水平间距大于10 m规定。

为避免天然气泄漏后，进入其他舱室，天然气舱的各口部及集水坑等应与其他舱室的口部及集水坑分隔设置。并在适当位置设置明显的标识提醒相关人员注意。

6.5.11 对盖板做出技术规定，主要是为了实现防盗安保功能要求。同时满足紧急情况下人员从内部开启方便逃生的需要。

6.6 工法选择

6.6.1 综合管廊施工方法选择与各地质条件、环境条件、投资和工期等因素密切相关，而主导因素常常因具体工程而异，因此工法选择往往需经技术、经济和对社会、环境影响的综合论证后确定。

7 结构设计总则

7.1 一般规定

7.1.2 综合管廊结构设计应对承载能力极限状态和正常使用极限状态进行计算。

1 承载能力极限状态：管廊结构达到最大承载能力，管廊主体结构或连接构件因材料强度被超过而破坏；管廊结构因过量变形而不能继续承载或丧失稳定；管廊结构作为刚体失去平衡（横向滑移、上浮）。

2 正常使用极限状态：管廊结构达到正常使用或耐久性能的某项规定的限值，影响正常使用的变形量的限值，影响耐久性能的控制开裂或局部裂缝宽度限值等。

7.1.4 本条引自国家标准《城市综合管廊工程技术规范》GB 50838—2015 第 8.1.6 条，是根据国家标准《建筑结构可靠度设计统一标准》GB 50068—2015 的规定：建筑结构设计时，应根据结构破坏可能产生的后果（危及人的性命、造成经济损失、产生社会影响等）的严重性，采用不同的安全等级。综合管廊为城市生命线工程，其内容纳的管线一旦中断，造成的经济损失和社会影响比较严重，故确定综合管廊的安全等级为一级。

7.1.5 国家标准《混凝土结构设计规范》GB 50010—2010 中第 3.3.3、3.3.4 条将裂缝控制等级分为三级。根据国家标准《地下工程防水技术规范》GB 50108—2008 中第 4.1.6 条明确规定，裂缝宽度不得大于 0.2 mm，并不得贯通。

7.1.6 本条引自国家标准《城市综合管廊工程技术规范》（GB 50838—2015 中第 8.1.8 条，根据国家标准《地下工程防水技术规范》GB 50108—2008 规定，确定综合管廊防水等级标准为二级。要求作为地下工程的综合管廊结构不应漏水，结构表面可有少量湿渍，总湿渍面积不应大于总防水面积的 1/1000；任意 100 m² 防水面积上的湿渍不超过 1 处，单个湿渍的最大面积不得大于 0.1 m²。综合管廊的变形缝、施工缝和预制接缝等部位是管廊结构的薄弱部位，应对其防水措施进行重点设计。

7.1.10 矿山法综合管廊，特别是深埋综合管廊，应根据新奥法原理，充分利用围岩的自承能力，可结合具体的围岩条件，进行地层结构模式的计算，然而目前对于其计算方法、本构模型和计算参数选取尚未明确，因此仍建议采用工程类比结合结构计算的方法进行综合分析确定。

7.1.14 预制结构分块、分段的尺寸及重量不应过大。在构件设计阶段应考虑到在制作、吊装、运输、施工过程中受到的机具、车辆、交通、设备、安全等因素的制约，并根据限制条件综合确定。

7.2 材 料

7.2.1 从耐久性、抗震性、防水性能和可施工性等方面考虑，管廊结构的主要受力构件，尤其是直接与地层接触的结构，宜采用钢筋混凝土结构。位于管廊内部的构件（包括主要受力构件和次要受力构件）根据需要也可采用其他结构材料和形式，如钢管混凝土结构、钢骨混凝土结构、组合构件、金属结构以及其他材料等。当地质条件良好，且管廊所处位置在地下水位以上时，从经济性考虑，主体结构或主要构件也可以采用砌体材料。

7.2.2 表 7.2.2 中混凝土的最低强度等级大多是从满足工程的耐久性要求考虑的。

根据现行国家标准《混凝土结构耐久性设计规范》GB/T 50476，普遍环境条件结构处于干湿交替环境时，混凝土最低强度等级要求为 C40。但考虑到地下结构有较为优秀的防水措施，以及地下结构的厚度较大，因此放宽了对混凝土最低强度等级的要求。

混凝土强度等级的提高会导致超长结构混凝土的收缩应力和温度应力增大，因此，宜适当采取措施控制混凝土的胀缩影响。

本规范要求喷射混凝土应采用湿喷工艺，同时将喷的混凝土结构分为临时和永久两种类型，考虑到长期耐久性和防水性能，将永久喷的混凝土结构的最低强度等级设置为 C30。

7.2.3 考虑到矿山法综合管廊埋深较大时可能采用半包防水排水型结构，因此可适当降低设计抗渗等级。

7.2.17 目前用于综合管廊的防水材料种类较多，用于主体结构的防水材料包括卷材、涂料、砂浆等，用于细部构造及接缝部位的防水材料包括止水带、止水条、穿墙管、弹性密封垫等，以及用于施工堵水的注浆材料等。在防水材料的选用上，应以现行国家标准《地下工程防水技术规范》GB 50108 中的相关规定和性能指标要求为依据，当采用新材料、新工艺时，也可参照对应的现行技术标准中的要求或结合试验的结果确定。

7.3 结构上的作用

7.3.2 作用在综合管廊结构上的荷载，如地层压力、水压力、地面各种荷载及施工荷载等，有许多不确定因素，所以必须考虑每个施工阶段的变化及使用过程中荷载的变动，选择使结构整体或构件的工作状态为最不利的荷载组合及加载状态来进行设计。

下面是关于表 7.3.2 中荷载的说明：

1 地层压力与地质情况、工法、结构和支护时机均有较大关系。明挖法结构和矿山法结构的地层压力计算可参考现行行业标准《铁路隧道设计规范》TB 10003 或《公路隧道设计规范》JTG D70 执行，盾构和顶管法结构的地层压力可按太沙基公式确定。

2 综合管廊上部和破坏棱体范围的设施及建筑物压力应考虑现状及以后的变化，凡规划明确的，应依其荷载设计；凡不明确的，应在设计要求中规定。

3 截面厚度大（根据现行国家标准《大体积混凝土施工规范》GB 50496，最小尺寸大于或等于 1 m）的结构、超长结构（可按现行国家标准《混凝土结构设计规范》GB 50010 规定）或叠合结构应考虑混凝土收缩的影响。

4 地面车辆荷载及其冲击力一般可简化为与结构埋深有关的均布荷载，但覆土较浅时应按实际情况计算。在道路下方的浅埋暗挖综合管廊，地面车辆荷载可按 10 kPa 的均布荷载取值，并不计动力作用的影响。

5 当明挖结构在较长的距离内不设变形缝时，应充分研究温度变化对其纵向应力造成的影响。结构构件因温度变化而引起的内力，应根据当地温度情况及施工条件所确定的温度变化值通过计算确定。考虑徐变的影响，当按弹性体计算构件的温度应力时，可将混凝土的弹性模量乘以 0.7 的系数。

7.3.3 可变作用准永久值为可变作用的标准值乘以作用的准永久值系数。

7.3.5 水压力的确定应注意以下问题：

1 作用在地下结构上的水压力，原则上应采用孔隙水压力，但孔隙水压力的确定比较困难，从实用和安全考虑，设计水压力一般都按静水压力计算。

2 具体计算方法如下：

1）使用阶段：

① 砂性土：应根据设计地下水位按全水头和水土分算的原则确定；

黏性土：应根据设计地下水位按全水头，分别按水土分算和水土合算进行计算，取不利者进行设计，这是考虑到结构受力与荷载分布和结构形状均有关；

② 应考虑地下水位在使用期的变化可能的不利组合。

2）施工阶段可根据围岩情况区别对待：① 置于渗透系数较小的黏性土地层中的管廊结构，在进行抗浮稳定性分析时，可结合当地工程经验，对浮力作适当折减，并可按水土合算的原则确定作用在地下结构上的侧向水压力；② 置于砂性土地层中的综合管廊，应按全水头确定。

3 确定设计地下水位时应注意的问题：

1）由于季节和人为的工程活动（如邻近场地工程降水影响）等都可能使地下水位发生变动，所以在确定设计地下水位时，不能仅凭地质勘察取得的当前结果，必须估计到将来可能发生的变化。尤其近年来对水资源保护的力度加大，需要考虑结构在长期使用过程中城市地下水回灌的可能性。

2）地形影响:在盆地和山麓等处，有时会出现不透水层下面的水压力变高的情况，使地下水压力从上到下按线性增大的常规形态发生变化。

3）符合结构受力的最不利荷载组合原则：因为超静定结构某些构件中的某些截面是按侧压力或底板水反力最小的情况控制设计的，所以在确定设计地下水位时，应分别考虑最高水位和最低水位两种情况。

7.4 抗震设计

7.4.2 考虑到综合管廊工程的重要性和综合管廊工程地下结构破坏后不易修复等因素，适当提高了不同阶段地下结构的抗震性能的要求。尤其对于承受高于设防烈度一度的地震时，要求主要支承体系不发生严重损坏，并便于修复，修复后可恢复正常运营。

7.4.6 对于大型综合管廊结构，用动力分析方法与静力法的计算结果进行对照也是必要的。

此外，对于综合管廊长条形结构，地震时沿综合管廊纵向产生的拉压应力和挠曲应力可能会成为结构受力的控制因素。因此，还需对综合管廊纵向的抗震进行分析，尤其是用盾构法施工的装配式管片结构，其纵向连接螺栓应能承受地震产生的全部拉力。

其中纵向计算长度可取变形缝间距和2倍结构横断面直径（或宽度）的最小值。

7.4.7 提高地下框架结构抗震能力的最有效方法应是改善立柱的受力条件和受力特征，尽可能用中墙代替立柱。当建筑要求必须设置立柱时，尽量采用塑性性能良好的钢管混凝土柱，当采用钢筋混凝土柱时，可以借鉴现行国家标准《建筑抗震设计规范》GB 50011 的思路，如限定其轴压比并对箍筋的配置提出相应的要求等。

对梁板构件的配筋构造要求则应把重点放在确保其不出现剪切破坏和充分发挥构件的变形能力上，例如对受拉区和受压区钢筋合理配筋率的控制等。由于结构纵向侧墙的整体刚度较大，抗震能力较强，故原则上中间纵向框架的节点构造可不按抗震要求设计。

采用装配式结构时，应加强接缝的连接措施，以增强其整体性和连续性。在不同结构的连接部位，宜采用柔性接头。在装配式衬砌的环向和纵向接头处设弹性密封垫，以适应地震中地层施加的一定变形。

7.5 防水设计

7.5.1 由于综合管廊往往位于城区，设置与施工条件与城市

地铁类似,因此采用了现行国家标准《地铁设计规范》GB 50157
中的相应原则。城市地下工程的大量排水会引起地下水位降
低、地面不均匀沉降、运营期间抽排水费用增加等问题,因此
应采取"以防为主"的原则。"刚柔结合"则体现为综合管廊
防水中刚性防水材料和柔性防水材料的结合使用,以充分发挥
两类防水材料各自的优势,形成互补。"因地制宜,综合治理"
是指勘察、设计、施工、管理和维修养护各个环节都要考虑防
水要求,应根据工程及水文地质条件、管廊结构的形式、施工
技术水平、工程防水等级、材料来源和价格等因素,合理地选
择相适应的防水措施。"易于维护"是指在设计中对后期防水
失效修复创造易于维护的条件。

7.5.2 综合管廊的防水方案及其效果与条文中所述的诸多因
素有关,在设计阶段应充分地搜集相关的资料,以便合理地制
订防水方案及措施,保证防水质量。

7.5.3 此条参照依据为现行国家标准《地下工程防水技术规
范》GB 50108 中的相关要求,并根据综合管廊的结构形式、
使用功能等要求进行了调整。

7.5.4 该条规定了综合管廊必须做好混凝土自防水,明确了
混凝土结构作为防水功能的重要防线这一要求,也是保证综合
管廊结构耐久性的重要基础。但是目前在地下结构的混凝土现
场施工中仍然存在许多不确定性因素影响到混凝土防水的质
量,考虑到地下防水系统的不可替换性,仍应在做好混凝土结
构自防水的前提下,设置其他防水措施,以达到相应的防水等
级要求。当综合管廊采用预制结构时(如盾构管片),由于预
制块的抗渗性能一般能较好地得到保证,此时则应重点关注预

制结构的接缝部位的防水处理措施。

7.5.5 管廊结构的诸多细部节点部位，如施工缝、变形缝、穿墙管、桩头、通道接头等往往是渗漏高发区域，需要从构造、材料、工艺等各个环节重视处理好这些部位的防水设计，提高这些细部节点的防水可靠性。

7.5.6 在进行综合管廊等地下结构的防水设计时，经常会遇到不同性质的防水材料复合使用以满足"多道设防、功能可靠"的情况，搭配防水材料选用不当时会削弱防水材料之间的复合功能作用，降低防水质量和效果。因此，应在有可靠使用经验或试验测定的前提下，合理地对防水体系中所选用的防水材料进行选用和搭配，以实现材料的材性相容和功能互补，提高防水体系的可靠性。

7.5.7 由于冻融环境化学腐蚀环境等不利条件对混凝土结构存在一定腐蚀性，并影响其耐久性，此时应适当加强防水措施，如选用抗腐蚀的防水混凝土、防水材料等，以提高结构的耐久性并满足使用年限要求。

7.6 耐久性设计

7.6.2 依据现行行业标准《铁路混凝土结构耐久性设计规范》TB 10005 对铁路工程所处环境划分思路，结合"铁路隧道耐久性研究课题"和所处环境特点拟将综合管廊环境分为普遍环境、侵蚀环境和冻融环境三大类。其中普遍环境是指综合管廊均存在的环境条件，与国标中一般环境相对应。

综合管廊环境分类及其等级划分之后，一共有 P1、P2、

P3、H1、H2、H3、D1、D2、D3 和 D4 十个环境等级，其中有些等级对综合管廊结构的作用效果是相同的，将这些环境等级进行综合等级划分，以简化综合管廊耐久性设计。由于综合管廊中普遍环境是普遍存在的，侵蚀环境和冻融环境是个别的，必然存在组合的情况，根据各种环境等级对综合管廊结构作用造成的危害程度，可将等级归类划分为五个综合作用等级。

7.6.4 综合管廊结构混凝土耐久性与密实度直接有关，以电通量作为评价混凝土密实度的指标，进而评价混凝土的耐久性。根据环境对隧道结构作用造成的危害程度，将环境综合等级划分为 A、B、C、D、E 五级，其中 E 级环境最差、A 级环境最好。综合管廊结构混凝土的密实度与综合管廊环境综合等级相对应，而混凝土的强度则与围岩级别和结构形式相对应。

7.6.7 在实际工程中选用混凝土耐久性参数时，切不可生搬硬套，应遵循在满足性能要求的情况下，尽量节约成本，实现经济、低碳、环保的目标，例如环境综合等级为 A 时，按附表查的胶凝材料只使用水泥即可，但是在多掺矿物掺合料的情况下，也能满足性能要求，所以在有条件的施工现场尽可能采用复合胶凝材料，这是利国利民、造福后代，实现低碳工程的一条捷径，当然在使用矿物掺合料时，一定要保证其品质，复合胶凝材料最好是由配送站按施工现场要求生产，实现这一目标需要制度保障。

7.6.18 现行国家标准《混凝土结构耐久性设计规范》GB/T 50476 主要基于地面建筑的耐久性研究成果编制，而未能针对地下结构的特点和所处环境的特殊性进行规定，本规范 7.6 节主要根据“铁路隧道耐久性研究”课题成果进行编写。其中将环境划分为普遍环境、化学侵蚀环境和冻融环境，并将每种环境划分为三个等级，将现行国家规范的环境进行了精简，最后提出了综合等级的概念，更为合理，更方便于地下结构耐久性设计，因此建议采用本规范的分类和设计方法进行耐久性设计，也可按现行国家标准《混凝土结构耐久性设计规范》GB/T 50476 进行设计。

8 明挖法结构设计

8.1 现浇和预制拼装混凝土结构设计

8.1.1 现浇混凝土综合管廊结构一般为矩形箱涵结构。结构的受力模型为闭合框架。现浇综合管廊闭合框架计算模型见图 2。

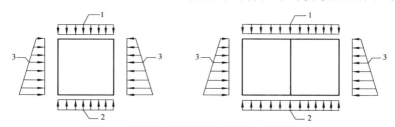

图 2 现浇综合管廊闭合框架计算模型

1—综合管廊顶板荷载；2—综合管廊地基反力；3—综合管廊侧向水土压力

8.1.4 预制拼装综合管廊结构技术模型为封闭框架，但是由于拼缝刚度的影响，在计算时应考虑到拼缝刚度对内力折减的影响。预制拼装综合管廊闭合框架计算模型见图 3。

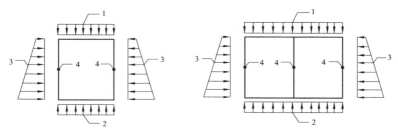

图 3 预制拼装综合管廊闭合框架计算模型

1—综合管廊顶板荷载；2—综合管廊地基反力；
3—综合管廊侧向水土压力；4—拼缝接头旋转弹簧

8.1.5 参照国家规范《城市综合管廊工程技术规范》GB 50838。

8.1.7 参照国家规范《城市综合管廊工程技术规范》GB 50838。

8.1.8 带纵、横向拼缝接头的预制拼装综合管廊截面内拼缝接头外缘张开量计算公式以及最大张开量限值为 2 mm ~ 3 mm，错开量不应大于 10 mm。本规范取为 2 mm。

8.1.12 本条规定参照了国家标准《混凝土结构设计规范》GB 50010—2010 中第 8.1.1 条。由于地下结构的伸（膨胀）缝、缩（收缩）缝、沉降缝等结构缝是防水防渗的薄弱部位，应尽可能少设，故将前述三种结构缝功能整合设置为变形缝。

变形缝间距综合考虑了混凝土结构温度收缩、基坑施工等因素确定的，在采取以下措施的情况下，变形缝间距可适当加大，但不宜大于 40 m。

1 采取减小混凝土收缩或温度变化的措施；

2 采取专门的预加应力或增配构造钢筋的措施；

3 采用低收缩混凝土材料，采取跳仓浇筑、后浇带、控制缝等施工方法，并加强施工养护。

8.2 防水设计

8.2.1 此表基于《地下工程防水技术规范》GB 50108—2008 中的表 3.3.1-1 并做了部分调整。

在主体结构防水措施中，去掉了"塑料防水板""膨润土防水材料"。前者是由于"塑料防水板"严格意义上说属于"防水卷材"中的"高分子防水片材"，不宜将其与"防水卷材"并列，在实际选用中也应选择与混凝土结构基层有满粘效果的防水卷材，以控制地下水的蹿水。后者是因为目前在四川境内暂未见应用实例报道，其在北京地铁中的应用效果也尚有一定争议。表中的"防水涂料"包括涂刷和喷涂类防水材料（如聚氨酯防水涂料、聚合物水泥防水涂料、喷涂聚脲防水材料、非固化橡胶沥青防水涂料、喷涂橡胶沥青防水涂料、丙烯酸盐喷涂防水材料等）。"防水混凝土"此处调整为必选，以突出混凝土结构自身防水性能的重要性。

施工缝处的防水措施要求与《地下工程防水技术规范》GB 50108—2008 中的表 3.3.1-1 基本一致，只增加了"外贴防水卷材"一项内容。该措施是近几年在工程实践中总结得到的有效方法。外贴防水卷材一般采用预铺防水卷材的方法，主要是利用预铺防水卷材与后浇混凝土满粘防蹿水的特性，用于底板和侧墙水平施工缝时效果较好。"外抹防水砂浆""外抹防水涂料"这两项措施由于在实践中应用较少，此处未列入其中。

后浇带部位采用补偿收缩混凝土已经是常见作法，此处设为必选，其抗渗和抗压强度等级不应低于两侧混凝土，另外还需要结合其他防水措施保证综合防水效果。

变形缝的防水措施中将中埋式止水带设为必选，是由于其适应变形的能力较好，目前也已经是变形缝部位处常见的防水措施。另外由于变形缝处是渗漏水的多发区域，而"外贴防水卷材""外涂防水涂料"这两项措施由于适应变形的能力有限，故此处未列入变形缝部位的防水措施中。

8.2.2 地下工程的蹿水问题会对后期的渗漏治理造成较大的

困难，因此目前的观点认为外设防水层宜与地下工程结构主体满粘且连续、完整地覆盖整个地下工程主体结构，才能有效地避免蹿水和实现对地下工程主体结构的防护，并减少后期的渗漏治理工作量。除了常见的 SBS 改性沥青卷材之外，自粘防水卷材、喷涂类防水材料等也能实现与地下工程结构的满粘效果，近年在明挖现浇地下结构中得到提倡和应用。

当选用两道或多道外设防水层时，各道防水层之间也应实现满粘，以提高防水体系的可靠性和效果，常见的叠合使用方式为卷材-卷材，也有卷材-涂料（及喷涂防水材料）的应用形式，无论何种方式，均应采取相应措施保证防水层之间的满粘效果。

当只设一道外防水层时，通常宜选用柔性防水层，并将柔性防水层设在结构迎水面，以保证在结构外部形成连续、密封的防水体系。柔性防水层不宜设在结构背水面，因为其与基层的黏结强度一般不高、抵抗水压作用有限、对结构混凝土的保护存在局限、对结构内表面抹灰或安装预埋件等后续工程有影响。当条件限制无法设置结构外防水层时（如叠合式结构），应选用与基层黏结强度高的刚性防水层，以承受一定的水压力。

8.2.3　针对地下预制结构接头的防水问题，国内外虽然已经展开了一定的研究工作，但总体上仍然处于起步阶段。国内在2010 年上海世博会园区综合管廊工程中展开了一定的研究工作，提出了遇水膨胀橡胶条的地下预制结构防水机理和接头防水优化建议。由于预制结构的混凝土质量往往较易得到保证，因此其防水能力也较现浇结构好，在地下水无腐蚀性、遇水膨胀橡胶条性能可靠的情况下通常可以不设置外防水层。但从防水材料的耐久性角度考虑，为保证较好的防水效果，可在拼装好的综合管廊结构顶板及两外侧立面再设置一层外防水层，其中防水材料宜选取能跟结构基面形成满粘效果的卷材或涂料防水层。由于预制拼装结构的底板与垫层不易达到较好的密贴效果，在拼装和运营阶段易对设在底板的防水层造成局部损伤和破坏；预制拼装综合管廊结构底板是否设置卷材或涂料防水层，所应采取的施工及防护措施，防水层的效果是否能得到保证，还需做进一步的研究和验证。

预制拼装综合管廊弹性密封垫的界面应力限值主要为了保证弹性密封垫的紧密接触，达到防水防渗的目的。

8.2.8 由于施工缝、变形缝、通道口、穿墙管等细部节点通常为地下工程渗漏的重点部位，应重视细部节点的防水，应采取综合防水措施予以妥善处理。尤其是变形缝需要适应和满足结构差异沉降和纵向伸缩的要求，鉴于中埋式止水带实践效果较好，目前已经是变形缝部位的必选防水措施，再辅以其他防水材料予以加强以保证综合防水效果。在细部节点处可选用的防水材料种类繁多，如中埋式止水带、遇水膨胀止水条（胶）、预埋注浆管、嵌缝密封材料、防水套管等，限于篇幅此处不能一一列出，在设计和选用时，应参照现行国家标准《地下工程防水技术规范》GB 50108 及有关标准的要求进行选用。

8.2.9 在预制结构中仍然难免会在节点位置出现断面变化的情况，目前国内的预制技术还难以达到在这些部位完全实现预制拼装的程度，可能会采用现浇混凝土结构进行连接，形成预制结构与现浇结构的接缝。在此类部位，除了应采取措施保证钢筋的有效连接（如在预制管片上预埋套筒或预留钢筋接头等方式），也应按施工缝的形式采取一定的防水设防措施，如设置遇水膨胀止水条（胶）、预埋注浆管、涂刷水泥基渗透结晶型防水涂料等措施。中埋式止水带、外贴式止水带由于在预制管片中制作繁琐、连接困难，通常不宜采用。

9 盾构法与顶管法结构设计

9.1 管片结构设计

9.1.2 管片结构的计算简图应根据地层情况、管片构造特点及施工工艺等确定，视地层情况选择合适的计算方法，具体参见现行国家标准《地铁设计规范》GB 50157。

9.1.5 《盾构工程用标准管片（1990 年）》已将管片的形状、尺寸标准化，详见表 2、表 3。

表 2   混凝土平板型管片的形状尺寸

外径/mm	宽/mm	高/mm	块数
1 800 ~ 2 000	900 1000	100 125	5
2 150 ~ 3 350	900 1000	100（200） 125 150（225）	5
3 550 ~ 4 800	900 1000	125（225） 150 175（250） 200（275）	6

表 3 钢管片的形状尺寸

外径/mm	宽/mm	高/mm	块数
1 800 ~ 2 000	750	75 100	6
2 150 ~ 2 550	900 1000	100 125	6
2 750 ~ 3 350	900 1000	100 125 150	6
3 550 ~ 4 050	900 1000	125 157 175	7
4 300 ~ 4 800	900 1000	150 175	7

9.2 顶管（管节）结构设计

9.2.1 本条参照《给水排水管道工程施工及验收规范》GB 50268。

9.2.2 在设计顶进综合管廊时，必须对其在地层中的受力状态、地表荷载及其他可能产生影响的因素进行综合考虑。

9.2.4 有关顶进力的规定，参照现行国家标准《给水排水管道工程施工及验收规范》GB 50268。

9.2.6 有关工作井的规定，参照现行国家标准《给水排水管道工程施工及验收规范》GB 50268。

9.2.7 有关采用中继间顶进的长距离顶管规定，参照现行国家标准《给水排水管道工程施工及验收规范》GB 50268。

9.2.8 有关曲线顶管的规定，参照现行国家标准《给水排水管道工程施工及验收规范》GB 50268。

9.3 防水设计

9.3.1 此条的内容源自《地铁设计规范》GB 50157—2013 中的表 12.8.2。

9.3.2 密封垫是管片的首要防线，此处单独提出对密封垫的相关要求作为强调。目前常用的密封垫材质以氯丁橡胶、三元乙丙橡胶为主，遇水膨胀橡胶应用也较多，对其材料性能的要求以国家现行标准《高分子防水材料 第4部分 盾构法隧道管片用橡胶密封垫》GB 18173.4 中的相关要求为参照。

密封垫沟槽的截面积应大于或等于密封垫的截面积，管片接缝密封垫应满足在计算的接缝最大张开量和估算的错台量下，埋深水头的 2~3 倍水压下不渗漏的技术要求。接缝密封垫应进行 T 字缝或十字缝水密性试验检测。

9.3.3 现阶段盾构法综合管廊管片的抗渗能力通常可以得到保证，因此管片的接缝部位就成为了盾构法综合管廊管片的重点防水处理部位。目前在盾构地铁区间隧道中较为常见的接缝部位防水做法为设置密封垫、螺孔密封圈、嵌缝槽处进行嵌缝堵水，在中等以上腐蚀性地层条件下再增设管片外涂防水涂料，以形成综合的防水体系。在盾构法综合管廊结构的防水设计中也可沿用相应的防水措施，相关的规定要求可参照现行国家标准《地铁设计规范》GB 50157 及《地下工程防水技术规范》GB 50108。

在综合管廊的出入口、通道等部位需要设置连接通道，此处往往是渗漏的多发部位，需要采取多种措施加强防水处理。

9.3.4 顶管法综合管廊接头防水具体作法可参照图 4 ~ 图 6：

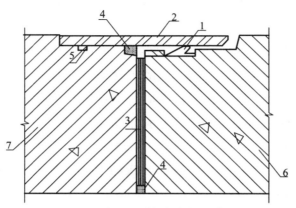

图 4　钢承口接头防水构造

1—密封圈；2—钢套环；3—衬垫；4—弹性密封垫；5—遇水膨胀止水条；6—插口端管壁；7—承口端管壁

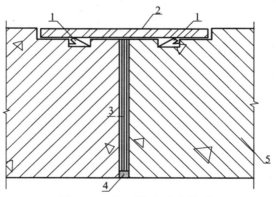

图 5　双插口接头防水构造

1—密封圈；2—钢套环；3—衬垫；4—弹性密封垫；5—管壁

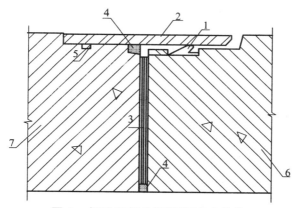

图 6   钢承口接头覆钢板防水构造

1—密封圈；2—钢套环；3—衬垫；4—弹性密封胶；
5—遇水膨胀止水条；6—插口端管壁；7—承口端管壁；
8—聚合物水泥防水砂浆；9—预埋钢环；10—接口钢板

10 矿山法结构设计

10.1 一般规定

10.1.1 综合管廊结构因其通过的地质情况、结构受力、计算方法以及施工条件的不同，有整体式衬砌（模筑混凝土衬砌及砌体衬砌）、复合式衬砌（内外两层衬砌组合而成）、喷锚衬砌（喷射混凝土、锚杆喷射混凝土、锚杆钢筋网喷射混凝土、喷钢纤维混凝土衬砌）。

复合式衬砌一般由两层组成。外层为初期支护，宜采用喷锚支护；内层为二次衬砌，可采用混凝土或者钢筋混凝土衬砌，有条件时也可采用装配式衬砌。内外层之间铺设防水层或隔离层。

10.1.2 衬砌结构类型及强度，必须能长期承受围岩压力等荷载作用，而围岩压力等作用又与围岩级别、水文地质、埋置深度、结构工作特点等有关，因此在选定时，可根据这些情况考虑。此外，衬砌结构的选用还受施工方法、施工措施等影响。鉴于矿山法综合管廊结构的工作状态极为复杂，影响因素较多，单凭理论计算还不能完全反映实际情况，为了使理论与实践相结合，选用的衬砌更为合理，除根据以上因素外，还要通过工程类比和结构计算并适当考虑施工误差确定。

10.1.3 由于马蹄形断面形式具有受力合理，同等荷载条件下结构厚度小、造价经济等优点，采用矿山法施工的综合管廊应优先选择。在地质条件较差的Ⅳ～Ⅵ级围岩中尤为必要。

综合管廊结构的净空尺寸，在满足限界或其他使用及施工工艺等要求的前提下，应考虑施工误差、结构变形和后期沉降等的影响，并留出必要的余量。

10.2 结构计算

10.2.1 矿山法综合管廊为深埋时，宜采用地层-结构法进行结构计算；矿山法综合管廊为浅埋时，可采用荷载-结构法或地层-结构法进行结构计算。

10.2.2 地层-结构法的设计原理是将支护结构和地层围岩视为整体共同受力的统一体系，在满足变形协调条件的前提下分别计算支护结构与地层围岩的内力，据以验算地层的稳定性和进行结构截面设计。

10.2.3 地面的车辆荷载及其动力作用、人群荷载、建筑荷载一般简化为与结构埋深有关的均布荷载。

10.2.4 岩土材料的本构模型可选用线弹性模型、非线性弹性模型、弹塑性模型、黏弹性模型、弹黏塑性模型及节理模型等。其中最常用的围岩材料本构模型是线弹性模型、黏弹性模型和弹塑性模型。

岩土材料本构模型的类型与岩土材料的类别、应力历史、应力路径、应力水平等因素有关。其中线弹性模型和非线性弹性模型用于描述处于弹性工作状态时的岩土材料的特性，弹塑性模型用于描述岩土材料进入塑性状态后的特性，黏弹性模型和弹粘塑性模型用于同时描述岩土材料的变形随时间而变化的特性，节理模型用于描述节理面的受力变形特性。

当允许结构材料进入塑性状态时，本构模型宜采用理想弹塑性模型，否则应采用各向同性弹性模型或各向异性弹性模型。

10.2.5 模拟过程：开挖应根据施工方案确定，释放荷载应根据前一开挖步完成时的地应力计算；荷载释放过程的确定除应综合考虑各类因素的影响外，尚应使围岩和支护结构的受力状态满足对释放荷载分担比的设计要求；在未经扰动的围岩中开挖综合管廊隧道时，当前围岩应力即为初始地应力；在已扰动的围岩中开挖时，当前围岩应力为本开挖步的应力。

10.2.6 荷载-结构法认为地层对结构的作用只是产生作用在地下结构上的荷载（包括主动地层压力和被动地层抗力），衬砌在荷载的作用下产生内力和变形。

10.2.7 在确定综合管廊荷载时，应充分考虑对其影响的各项因素，但由于荷载的不确定性，目前在大多数情况下仍按工程类比法确定。

10.2.8 弹性抗力的大小及分布，对回填密实的衬砌构件可采用局部变形理论，按公式（1）计算确定。

$$\sigma = k\delta \tag{1}$$

式中 σ——弹性抗力的强度（MPa）；

k——围岩弹性抗力系数；

δ——结构朝向围岩的变形值（m），变形朝向洞内时取为零。

模型试验及理论分析表明，支护结构承载后的变形受到围岩的约束，从而改善了结构的工作状态，提高了承载能力，故在计算中应考虑围岩对结构变形的约束作用。

弹性抗力、黏结力均属于围岩对支护结构的约束力。鉴于对黏结力作用的研究不多，故通常仅按弹性抗力计算，而将黏结力对支护结构的有利作用视为安全储备。

10.2.11 直墙拱衬砌结构一般用于围岩条件较好，侧向荷载作用小的综合管廊。但在实际工程中，也有在较差的围岩中采用直墙拱断面的情况，但其经济性较曲边墙马蹄形断面差，原则上应控制少用。

10.3 防水设计

10.3.1 此表基于《地下工程防水技术规范》GB 50108—2008中的表 3.3.1-2 做了部分调整，将施工缝、变形缝处选择防水措施的数量适当进行了提高。本表主要适用于复合式衬砌结构的防水体系设计，此处暂未针对单层衬砌、离壁式衬砌这两种衬砌结构形式提出防水设防要求。

在衬砌结构的防水措施中，将防水混凝土设为必选是适宜的，原因同明挖现浇管廊结构。在衬砌其他防水措施中，将"金属防水层"去掉是因为其实际应用非常少，造价也过高；"防水砂浆"在矿山法衬砌结构中应用也较少，因此此处也将其去掉。

衬砌结构的防水措施中未提"防水卷材"，而是根据矿山法隧道中的应用习惯较为明确地指出应采用"塑料防水板"（如EVA、PVC、HDPE 等），但由于塑料防水板与二衬混凝土不能实现满粘效果，往往宜一并选用材质相容的分区预埋注浆系统，将隧道划分为各自独立的分区防水区域，控制隧道渗水的区域和减少堵漏维修工作量。在实际应用中，铁路、公路等矿山法隧道结构多结合外贴式止水带等防水设施形成分区系统，预埋注浆系统往往在地铁区间隧道中采用较多，能进一步提升防水的效果。

目前在隧道工程中带有自粘功能的预铺防水卷材也逐步开始得到应用，对防止隧道窜水能起到较好的效果，但是在实际使用中应注意拱顶部位混凝土浇筑时应对拱顶的空洞进行注浆填实，否则会影响到自粘卷材与混凝土之间的密贴和黏结。另外在施工过程中，也应注意对防水卷材表面的保护，防止粉尘附着对卷材与混凝土黏结力的不利影响。

表中衬砌结构防水措施中的"防水涂料"此处主要指喷涂速凝类防水材料，如喷涂橡胶沥青防水涂料、丙烯酸盐喷涂防水材料等，目前已经在国内明挖和矿山法隧道中得到了应用和推广。在此类防水材料的应用中应强调对防水基层的平整度、渗水处理的要求，也可以土工布为载体将防水涂料喷涂在土工布表面进行固化，以保证良好防水效果。

施工缝处的防水措施暂未做过多调整，仅去掉了表述过于宽泛的"防水密封材料"，其余所保留的内容均为目前在矿山法隧道结构中较为常见的防水措施。变形缝处的防水措施要求中埋式止水带为必选，其余再根据不同的防水等级，合理选用其他防水措施。另外，宜结合变形缝、施工缝部位设置分区系统。

10.3.2 矿山法综合管廊的防水措施与矿山法地铁区间隧道类似，主要特点是通常不允许对地下水进行排放，因此矿山法综合管廊结构的防排水体系与矿山法地铁区间隧道相似，防排水体系应系统、完整。在排水系统的设置和考虑上，临时排水系统往往只考虑满足施工阶段抽排水的需要；在管廊结构内设置排水沟、集水坑和抽排水设备，以排出运营阶段渗入管廊内部的地下水、清洗和消防等废水。为降低工程造价，施工和运营防排水应尽量考虑永临结合。

10.3.3 矿山法综合管廊开挖中，在地下水丰富或不良地质区段，注浆为常见的辅助施工措施，应根据不同的施工要求和地质条件选择对应的注浆方式。注浆方案应根据工程特点、地质和环境条件、设计要求等制定，并应符合下列规定：

   1 综合管廊开挖前，预计涌水量较大和水压较高的地段，应采用超前深孔预注浆；

   2 初期支护完成后仍有大股涌水、大面积渗漏水、线状流水时，应采用径向注浆；

   3 二次衬砌后薄弱部位渗漏水和施工缝、变形缝漏水，应进行回填注浆；

   4 回填注浆后二次衬砌仍有渗漏水时，宜进行二次回填注浆或围岩固结灌浆。

10.3.4 复合式衬砌结构的隧道防水层通常选用塑料防水板，近年来一些喷涂类防水材料如喷涂橡胶沥青、丙烯酸盐喷涂防水材料以及预铺防水卷材也在国内的隧道工程中得到应用。复合式衬砌中防水层通常设置在初期支护和二次衬砌之间，为避免初期支护喷混凝土基面对防水层的损伤，目前的通行做法是在防水层铺挂或喷涂之前预先铺设一层缓冲层（以土工布材料为主）。由于塑料防水板与衬砌混凝土之间不能形成黏结效果，因此宜再设置注浆系统，待二衬混凝土达到设计强度后进行注浆，浆液固结后可封堵塑料防水板与二衬之间的空隙，防止地下水蹿水。另外在采用塑料防水板时，宜结合施工缝、变形缝部位设置隧道衬砌分区防水设施（如与塑料防水板材质相同的外贴式止水带）。

10.3.5 工程实践证明中埋式止水带防水效果比较可靠，目前也已经是铁路、公路矿山法隧道施工缝及变形缝处的常见做法，因此强调在施工缝和变形缝位置宜设置中埋式止水带。在变形缝位置防水层上设置防水层加强层的目的是防止变形缝位置防水层的破坏，提高防水层的可靠性。

11 近接工程设计

11.1 一般规定

11.1.2 地下工程近接施工工程一般具有较高的风险，根据国内地铁和铁路隧道工程的实践，一般均需进行风险评估，可根据现行国家标准《城市轨道交通地下工程建设风险管理规范》GB 50652 进行工程风险评估。在评估中需要分析近接施工引起的力学行为变化特征，如加载效应、卸载效应、横向效应、纵向效应及空间效应等，这种受力特征会因工程修建的时间先后关系、空间位置关系及其施工方法的不同而不同。近接施工可按时间、空间、工法三要素下受力特征属性分为三大基本类型：（Ⅰ）新建综合管廊接近既有隧道施工类；（Ⅱ）新建综合管廊接近既有工程施工类；（Ⅲ）两条及以上新建综合管廊近距离同期施工类。具体又可细分为 23 小类，见表 4。

表 4 近接施工的分类、受力特征和力学模型

近接施工种类		受力特征和力学模型
（Ⅰ）新建综合管廊接近既有隧道施工类	（Ⅰ-1）新旧管廊（隧道）并列	既有隧道向接近的新建综合管廊方向发生拉伸变形；因并列综合管廊的施工，既有综合管廊周边围岩松弛，而使作用在衬砌上的荷载增加，也可能产生偏压现象。横向效应的平面模型
	（Ⅰ-2）新旧管廊（隧道）重叠	新建综合管廊在既有综合管廊（隧道）上方平行通过时，既有综合管廊（隧道）随新建综合管廊的开挖不断向上方变形，围岩成拱作用受到损伤，而

近接施工种类		受力特征和力学模型
（Ⅰ）新建综合管廊接近既有隧道施工类	（Ⅰ-2）新旧管廊（隧道）重叠	使衬砌上的荷载增加；新建综合管廊在既有综合管廊（隧道）下方平行通过时，既有综合管廊（隧道）随新建综合管廊的开挖不断发生下沉。横向效应的平面模型
	（Ⅰ-3）新旧管廊（隧道）交错	既有综合管廊（隧道）向接近的新建综合管廊方向发生拉伸变形；因新建综合管廊的施工，既有综合管廊（隧道）周边围岩松弛，而使作用在衬砌上的荷载增加。横向效应的平面模型
	（Ⅰ-4）新旧管廊（隧道）交叉	新建综合管廊在既有综合管廊（隧道）上部通过时，由于卸载作用，既有综合管廊（隧道）向上方变形；新建综合管廊在既有综合管廊（隧道）下部通过时，既有综合管廊（隧道）会发生下沉。纵向效应的平面模型
	（Ⅰ-5）管廊底部采矿	无论上山开采还是下山开采，随着开采范围加大和向综合管廊底部接近，将引起综合管廊纵向变形，严重时还会产生横向效应。纵向效应或纵向加横向效应的平面模型，也可采用空间模型
	（Ⅰ-6）管廊上部明挖	因综合管廊上部开挖，土压被解除，对垂直荷载来说，侧压变大，拱顶会向上变形；埋深小时会损伤拱作用，使衬砌的垂直荷载增加；开挖如对综合管廊来说是非对称的情况时，衬砌会受到偏压作用。横向效应的平面模型
	（Ⅰ-7）管廊上部填土	因综合管廊上部填土，作用在衬砌上的垂直荷载增加；埋深大时，增加荷载被分散，影响变小；填土不均匀时，衬砌会受到偏压作用。横向效应的平面模型
	（Ⅰ-8）管廊上部修建结构物的基础	综合管廊上部荷载增加。横向效应的平面模型

近接施工种类		受力特征和力学模型
（Ⅰ）新建综合管廊接近既有隧道施工类	（Ⅰ-9）管廊侧面开挖	综合管廊向开挖方向发生拉伸变形。横向效应的平面模型或局部开挖时的纵向效应、平面准三维模型或空间效应的三维模型
	（Ⅰ-10）锚索接近管廊	因接近综合管廊钻孔，使综合管廊周边围岩松弛；导入锚索预应力时，会产生位移。横向效应的平面模型
	（Ⅰ-11）管廊上部积水	动水坡度上升，产生水压作用或漏水量增加。横向效应的平面模型。
	（Ⅰ-12）地层振动	近接工程施工使用大量炸药时，衬砌受到动荷载的作用，衬砌发生开裂，并可能发生剥离脱落。两相邻综合管廊（隧道）近接施工爆破时也有类似的行为。横向效应的平面模型
（Ⅱ）新建综合管廊接近既有工程施工类	（Ⅱ-5）地下工程施工对周围建筑物影响	地下工程进行开挖，会引起地层中应力的重分布，因而引起周围建筑物的变形。横向效应的平面模型或空间一次建模统筹解决
	（Ⅱ-6）综合管廊穿越基础	综合管廊穿越基础，需要对基础进行托换。横向效应的平面模型。
	（Ⅱ-7）铁路、公路及城市道路下浅埋暗挖	铁路、公路及城市道路下浅埋暗挖综合管廊，引起地表沉降和地中管线的变形，同时铁路和公路荷载也对结构存在动载。纵向效应的平面模型
	（Ⅱ-8）综合管廊接近锚索	在锚索附近新建综合管廊，会使综合管廊周边围岩松弛，引起锚索的锚固力下降。横向效应的平面模型
	（Ⅱ-9）水库下新建综合管廊	在水库下修建综合管廊，会使综合管廊以上的围岩下沉、节理裂隙增加。横向效应的平面模型

近接施工种类		受力特征和力学模型
（Ⅱ）新建综合管廊接近既有工程施工类	（Ⅱ-10）明挖综合管廊施工对周围建筑物影响	基坑开挖引起建筑物向基坑方向的倾斜变形、地基承载力下降，过大时引起建筑物破坏。横向效应的平面模型或空间一次建模统筹解决
	（Ⅱ-11）盾构综合管廊施工对周围建筑物影响	盾构在推进过程中，对上部地层产生向上顶起的作用，盾构过后，地层又会下沉，因而引起周围建筑物的变形。横向效应的平面模型或空间一次建模统筹解决
（Ⅲ）两条及以上新建综合管廊近距离同期施工类	（Ⅲ-1）管廊左右并列	因两管廊是同时新建，所以存在着先挖后挖与同时挖的工法优化问题，也视两洞室大小比例情况而定。同时修则对称受力，故一般小净距双孔隧道或双连拱隧道采取对称开挖的方法。双连拱隧道是此类问题的极端情况。主要产生横向效应，平面建模。有时也会产生纵向效应，需作复合分析
	（Ⅲ-2）管廊上下重叠	因两管廊是同时新建，所以存在着先上后下、先下后上或上下同时的工法优化问题。若同时修时，围岩应力释放过大，对软岩不宜。主要产生横向效应，平面建模。有时也会产生纵向效应，需作复合分析
	（Ⅲ-3）管廊斜向交错	因两管廊是同时新建，存在着先挖后挖与同时挖的工法优化问题，也视两洞室大小比例情况而定。主要产生横向效应，平面建模。有时也会产生纵向效应，需作复合分析
	（Ⅲ-4）管廊空间交叉、扭转	因两管廊是同时新建，所以存在着先挖后挖与同时挖的工法优化问题。空间建模

注：其中Ⅱ-1～Ⅱ-4分别与Ⅰ-1～Ⅰ-4同属一类，不再示出。

11.1.3 按照《城市轨道交通地下工程建设风险管理规范》GB 50652，风险等级分为极高、高度、中度和低度四级。

11.2 近接工程设计

11.2.1 应针对具体的地质条件和使用要求，充分分析近接工程的施工方法、最小净距和相互空间关系对结构安全性、长期运营条件和和静（动）态投资的影响， 以最终确定合理的施工方法和相互空间位置。

11.2.2 不同的工法和辅助工法对地层应力释放和扰动程度有较大差别，一般来讲，盾构法和顶管法对地层扰动较小，对既有结构的影响相对较小。但无论采取何种工法，均应充分分析不同结构形式、施工工艺、辅助工法对地层和既有结构的影响，采取合理的辅助措施，确保既有结构安全。

11.2.4 由于地下工程的复杂性，对于高度风险等级以上的近接工程，对其支护参数、施工顺序应进行针对性分析和设计，并应结合施工中的监测情况和实际地层揭露情况为指导进行动态设计和调整。

11.2.5 关于近接施工的对策，许多学者对此进行了系统的研究，根据作用对象可分为三类：一是加固既有结构对策，二是新建结构对策，三是中间地层对策。

（1）加固既有结构对策有基本对策、加强对策及以维修对策等。

基本对策：回填压浆，设金属网，档板，压注砂浆和树脂等。

加强对策：拱架加强，内衬加强，锚固加强，横撑加强，改建等。

维修对策：剥离可能掉落的浮块，表面清扫，整理排水沟，防止漏水等。

（2）新建结构对策有改变开挖方式、改变分部尺寸、改变衬砌和支护的结构形式和强度。

（3）中间地层对策有改良地层，如压浆法、冻结法等，也可采取隔断影响的方法如地下连续壁、管棚、钢管桩等。

11.2.6 根据大量的隧道类近接工程的研究成果，当隧道邻近既有结构施工时，随隧道工作面的推进，既有结构的受力和变形呈现一定的波动性和临时性，因此在设计时可以采用临时加强措施防护临时性的近接影响，而永久加强措施只需能够防护最后的残留影响即可。

12 管线设计

12.1 一般规定

12.1.3 本条规定目的是综合管廊管理单位能够对综合管廊和管廊内管线全面管理。当出现紧急情况时，经专业管线单位确认，综合管廊管理单位可对管线配套设备进行必要的应急控制。

12.1.4 DN≤300 的管道可采用支架固定在侧壁上安装或采用吊架安装，以节省空间。

12.1.5 目前机电设备固定于主体结构上，都是采用预埋件及后锚固的方式进行。预埋件常用的有预埋槽钢及预埋铁，后锚固方式常用的就是锚栓连接。本条的管线支吊架包括抗震支吊架和一般的支吊架。

12.1.6 引自《城市综合管廊工程技术规范》GB 50838—2015 中第 5.1.7 条，为强制性条文。压力管道运行出现意外情况时，应能够快速可靠地通过阀门进行控制，为便于管线维护人员操作，一般在综合管廊外部设置阀门井，将控制阀门布置在管廊外部的阀门井内。

12.2 给水、再生水管道

12.2.2 本条是关于管材和接口的规定。为保证管道运行安全，减少支墩所占空间，规定一般采用刚性接口。管道沟槽式连接又称为卡箍连接，具有柔性特点，使管路具有抗震动、抗收缩和膨胀的能力，便于安装拆卸。为了便于管道在管廊内架空敷设，减少管道支墩、支架的数量，入廊给水管和再生水管宜采用刚度较好的管道。

DN≤250 钢管可采用 20 号无缝热轧钢管，250 < DN < 600 钢管可采用 Q235-B 直缝卷板钢管，DN≥600 钢管可采用 Q235-B 螺旋缝卷板钢管。

12.3 排水管渠

12.3.2 进入综合管廊的排水管渠断面尺寸一般较大，增容安装施工难度高，应按规划最高日最高时设计流量确定其断面尺寸，与综合管廊同步实施，并适当提高建设标准，留有一定的远景发展余量（可比远期预留 30%的余量）。同时需按近期流量校核流速，防止管道流速过缓造成淤积。

12.3.3 雨水管渠、污水管道进入综合管廊前设置检修闸门、闸槽或沉泥井、排放措施等设施，有利于管渠的事故处置、维修及应急排放。有条件时，雨水管渠进入综合管廊前宜截流初期雨水。

12.3.4 关于管材和接口的规定：为保证综合管廊的运行安全，应适当提高进入综合管廊的雨水、污水管道管材选用标准，防止意外情况发生损坏雨水、污水管道。为保证管道运行安全，减少支墩所所占空间，规定一般采用刚性接口。管道沟槽式连接又称为箍连接，具有柔性特点，使管路具有抗震动、抗收缩和膨胀的能力，便于安装拆卸。为了便于管道在管廊内架空敷设，减少管道支墩、支架的数量，入廊排水管宜采用刚度较好的管道。

DN≤250 钢管宜采用 20 号无缝热轧钢管，250 < DN < 600 钢管宜采用 Q235-B 直缝卷板钢管，DN≥600 钢管宜采用 Q235-B 螺旋缝卷板钢管。

12.3.6 雨水、污水管道在运行过程中不可避免的会产生 H_2S、沼气等有毒有害及可燃气体，如果这些气体泄漏至管廊舱室内，存在安全隐患，同时雨水、污水泄漏会对管廊的安全运营和维护产生不利影响，因此要求进入综合管廊的雨水、污水管道必须保证其系统的严密性。管道、附件及检查设施等应采用严密性可靠的材料，其连接处的密封做法应可靠。

排水管渠严密性试验参考现行国家标准《给水排水管道工程施工及验收规范》GB 50268 的相关条文，压力管道参照给水管道部分，雨水管渠参照污水管道部分。

12.3.7 压力流管道高点处设置的排气阀及重力流管道设置的排气井（检查井）等通气装置排出的气体，应直接排至综合管廊以外的大气中，其引出位置应协调考虑周边环境，避开人流密集或可能对环境造成影响的区域。

12.3.8 压力流排水管道的检查口和清扫口应根据需要设置，具体做法可参考现行国家标准《建筑给水排水设计规范》GB 50015 相关条文。

管廊内重力流排水管道的运行有可能受到管廊外上、下游排水系统水位波动变化、突发冲击负荷等情况的影响，因此应适当提高进入综合管廊的雨水、污水管道强度标准，保证管道运行安全。条件许可时，可考虑在管廊外上、下游雨水系统设置溢流或调蓄设施以避免对管廊的运行造成危害。

12.4 天然气管道

12.4.3 参照国家标准《城镇燃气设计规范》GB 50028—2006中第 6.3.1、6.3.2、10.2.23 条规定，为确保天然气管道及综合管廊的安全，作出此规定。无缝钢管标准根据现行国家标准《城城镇燃气设计规范》GB 50028 选择，可选择 GB/T 9711、GB 8163，或不低于这两个标准的无缝钢管。

12.4.4 天然气管道泄露是造成燃烧及爆炸事故的根源，为保证其纳入后综合管廊的安全，对天然气管道的探伤提出了严格要求。

12.4.7 本条根据国家标准《城镇燃气设计规范》GB 50028—2006 中第 6.6.2 条第 5 款对天然气调压站的规定："当受到地上条件限制，且调压装置进口压力不大于 0.4 MPa 时，可设置在地下单独的建筑物内或地下单独的箱体内，并应符合第 6.6.14 条和第 6.6.5 条的要求;"入廊天然气压力范围在 4.0 MPa以下，即有可能出现天然气次高压调压至中压的情况，不符合《城镇燃气设计规范》GB 50028—2006 第 6.6.2 条的规定。考虑到天然气调压装置危险性高，规定各种压力的调压装置均不应设置在综合管廊内。

12.4.8 本条对管廊中燃气管道阀门的设置提出了要求。分段阀门的最大间距是综合考虑《城镇燃气设计规范》GB 50028—2006 中第 6.4.19 条的规定、管廊的重要性来制订的。为减少释放源，应尽可能不在天然气管道舱内设置阀门。远程关闭阀门由天然气管线主管部门负责。其监测控制信号应上传天然气管线主管部门，同时传一路监视信号至管廊控制中心便于协同。

12.4.9 紧急切断阀远程关闭阀门由天然气管线主管部门负责。其监视控制信号应上传天然气管线主管部门，同时传一路监视信号至管廊控制中心便于协同。

12.4.11 进出管廊的燃气管道应敷设在套管内，并将套管两段密封，其一是为了防止燃气管被损或腐蚀而造成泄漏的气体沿沟槽向四周扩散，影响周围安全；其二若周围泥土流入安装后的套管内后，不但会导致路面沉陷，而且燃气管的防腐层也会受到损伤。

12.5 热力管道

12.5.1 作为市政基础设施的供热管网，对管道的可靠性的要求比较高，因此对进入综合管廊的热力管道提出了较高的要求。

12.5.2 本条关于管道附件保温规定主要降低管道附件的散热，控制舱室的环境温度。

12.5.3 本条规定系参照现行国家标准《设备及管道绝热技术通则》GB/T 4272 的规定，同时为了更好地控制管廊内的环境要求以便于日常管理，本规范规定管道及附件保温结构的表面温度不得超过 50 ℃。

12.5.6 本条规定主要是考虑确保同舱敷设的其他管线的安全可靠运行。

12.5.7 本条规定主要是控制舱内环境温度及确保安全，要求蒸汽管道排气管将蒸汽引至管廊外部。

12.5.8 热力管道工作时管道受力较大，采用焊接是经济可靠的连接方法。有条件时，不易损坏的设备、质量良好的阀门都可以采用焊接。

12.6 电力电缆

12.6.1 为了减少电缆可能着火蔓延导致严重事故后果，要求综合管廊内的电力电缆具备阻燃特性或不燃特性。

12.6.2 电力电缆发生火灾主要是由于电力线路过载引起电缆温升超限，尤其在电缆接头处影响最为明显，最易发生火灾事故，为确保综合管廊安全运行，故对进入综合管廊的电力电缆提出电气火灾监控与接头自动灭火的规定。

12.6.6 综合管廊需考虑电缆接头的放置要求，一般可采用增加电缆支架长度或增设电缆接头区支架的方法。

12.8 管线抗震

12.8.2 抗震支吊架因承受的作用力不同，结构形式及设防点也不同，在以往的工程项目中，有施工单位直接采用角铁、长螺杆等在现场拼凑成所谓的"抗震支吊架"。"抗震支吊架"最大荷载不清楚，也没经过第三方验证，节点荷载也没有进行验算可能会造成较大的安全隐患，因此在此条中明确规定，组成抗震支吊架的所有构件宜采用成品构件。

13　附属设施设计

13.1　一般规定

13.1.5　国家标准《中国地震动参数区划图》GB 18306—2015
于 2016 年 6 月 1 日实施，该标准取消了不设防地区，又因抗
震设防烈度最低为 6 度，即我国所有区域的抗震设防烈度均为
6 度及 6 度以上地区。根据《建筑机电工程抗震设计规范》
GB 50981—2014 中第 1.0.4 条"抗震设防烈度为 6 度及 6 度以
上地区的建筑机电工程必须进行抗震设计"（强制性条文）的
规定，管廊工程的附属设施及构件应进行抗震设计。

13.2　消防系统

13.2.1　综合管廊舱室的火灾危险性根据综合管廊内敷设的
管线类型、材质、附件等，依据现行国家标准《建筑设计防火
规范》GB 50016 的有关火灾危险性分类的规定确定。

13.2.2　参照现行国家标准《建筑设计防火规范》GB 50016
的规定，综合管廊一般为钢筋混凝土结构或砌体结构，能够满
足建筑构件的燃烧性能和耐火极限的要求。

13.2.6　为了防止火灾蔓延、降低火灾的损失，要求在综合管
廊的交叉口及舱室交叉部位设置耐火极限不低于 3.0 h 的防火
隔墙、甲级防火门进行防火分隔。防火分隔设置位置可按照下
列原则进行：干线管廊与干线管廊交叉时，可在交叉部位任一

干线管廊侧设置防火分隔；当干线管廊与支线管廊（或缆线管廊）交叉时，在交叉部位支线管廊（或缆线管廊）侧设置防火分隔；当支线管廊与缆线管廊交叉时，在交叉部位缆线管廊侧设置防火分隔。

13.2.7 本条结合综合管廊的重要性，根据现行国家标准《建筑设计防火规范》GB 50016 中对于管线穿越防火分区时的封堵要求编写。

13.2.9 本条中设置自动灭火系统可采用超细干粉、细水雾灭火系统、水喷雾灭火系统、气体灭火系统等。

13.3 通风系统

13.3.1 综合管廊的通风主要是保证综合管廊内部空气的质量，应以自然通风为主，机械通风为辅。但是天然气管道舱和含有污水管道的舱室，有存在可燃气体泄漏的可能，需及时快速将泄漏气体排出，因此采用强制通风的方式。

13.3.2 综合管廊内的环境温度应控制在 5 ℃ ~ 40 ℃。根据国家标准《爆炸危险环境电力装置设计规范》GB 50058—2014 中第 3.2.4 条规定 "当爆炸危险区域内通风的空气流量能使可燃物质很快稀释到爆炸下限值的 25% 以下时，可定义为通风良好，并应符合下列规定：……4）对于封闭区域，每平方米地板面积每分钟至少提供 0.3 m^3 的空气或至少 1 h 换气 6 次"。为保证管廊内的通风良好，确定天然气管道舱正常通风换气次数不应小于 6 次/小时，事故通风换气次数不应小于 12 次/小时。

设置机械通风装置是防止爆炸性气体混合物形成或缩短

爆炸性气体混合物滞留时间的有效措施之一。通风设备应在天然气浓度检测报警系统发出报警或启动指令时，及时可靠地联动，排出爆炸性气体混合物，降低其浓度至安全水平。同时注意进风口不要设置在可燃及腐蚀介质排放处附近或下风口，排风口排出的空气附近应无可燃物质及腐蚀介质，避免引起次生事故。

13.3.4 当必须设置通风口但场地条件不允许时（如在车行道、人行道中间等处），可在绿化带内设置风口，通过风道将管廊与风口连接。采用金属管道时，其风速不宜大于 20 m/s；采用其他管道时，其风速不宜大于 15 m/s。

13.3.8 综合管廊一般为密闭的地下构筑物，不同于一般民用建筑。综合管廊内一旦发生火灾应及时可靠地关闭通风设施。火灾扑灭后由于残余的有毒烟气难以排除，对人员灾后进入清理十分不利，为此设置事故后机械排烟设施。

13.4 供配电系统

13.4.1 综合管廊系统一般呈现网络化布置，涉及的区域比较广泛。其附属用电设备具有负荷容量相对较小而数量众多、在管廊沿线呈带状分散布置的特点。按不同电压等级电源所适用的合理供电容量和供电距离，一座综合管廊可采用由沿线城市公网分别直接引入多路 0.4 kV 电源进行供电的方案；也可以采用集中一处由城市公网提供 10 kV 电源供电的方案，管廊内再化分若干供电分区，由内部自建的 10 kV 配变电所供配电。不同电源方案的选择与当地供电部门的公网供电营销原则和综合管廊产权单位性质有关,方案的不同直接影响到建设投资和运行成本。故需做充分调研工作,根据具体条件经综合比较后确定经济合理的供电方案。

13.4.2 电能计量分为外部结算计量和内部管理参考计量两类,外部结算计量需满足供电部门要求,内部管理计量需结合运营管理需要确定。

13.4.7 人员在进入某段管廊时,一般需先进行换气通风、开启照明,故需在入口设置开关。每区段的各出入口均安装开关,可以方便巡检人员在任意一出入口离开时均能及时关闭本段通风或照明,以利节能。

13.4.8 利用基础钢筋作为接地体时,需满足《建筑物防雷设计规范》GB 50057—2010 中第 4.3.5 条第 2 款的相关规定。

13.5 照明系统

13.5.1 为了便于综合管廊的管理维护和在紧急状况下管理人员的疏散,本条对管廊内照明设置进行了规定。

1 由于管廊的特殊性,在运营阶段有施工或维修作业,部分管线(例如电力和通信线缆)通常是在管廊建设好后再布设,因此管道舱的照明不只是运营管理需要,同时也是施工需要。若照度过低,施工时需设置临时照明以确保工作的正常开展,这样会存在一定的安全隐患。根据调研,在我省及国内建成的管廊实际照度值达 150~250 lx,均远高于《城市综合管廊工程技术规范》GB 50838—2015 规定的 15 lx。参照《城市综合管廊工程技术规范》GB 50838—2015 中第 7.4.1 条对设备操作处规定的照度标准（100 lx），以及《建筑照明设计标准》GB 50034—2013 中电缆夹层等场所的照度标准，本条规定管道舱照度为 100 lx。为了确保照明质量，本条对统一眩光限值、一般显色指数也进行了规定。

2 消防控制室、消防水泵房、自备柴油发电机房、配电室设置备用照明为参照《建筑设计防火规范》GB 50016—2014 中第 10.3.3 条确定，虽然管廊为构筑物，但其消防控制室、消防水泵房、自备柴油发电机房、配电室在火灾状况下需投入使用，以确保灭火作业能有序进行，这与建筑物是一致的。

13.5.2 本条对综合管廊内灯具选择进行了要求。管廊设置于地下，其空气湿度相对较大，因此需选用防潮型灯具。

13.5.4 分组或分场景控制的目的为实现在平时节能运行。在维修时，维护人员可能从管廊的任一端进入，因此需在各分区的两端能就地控制。由于管廊通常长达数公里，当需要对某分区照明进行控制时，由管理人员现场去操作需要花费较长时间，为了提升管理效率，应能在控制中心集中控制。

13.5.5 综合管廊内空间一般紧凑狭小，在其中进行施工及维护作业时，施工人员、施工材料（如管道）或工具较易触碰到照明灯具，因此照明系统采取防触电的安全措施是很有必要的。规范第 13.5.2 条规定选用"应选用防触电等级不低于 I 类的灯具"是防止触电的措施之一，除此之外，灯具上能触及的可导线部分与保护接地（PE）线连接是较有效的防护措施，能在灯具绝缘损坏导致外壳带电情况下，降低人触及时触电的危险。正常电源采用交流 220 V 电压供电时设置动作电流不大于 30 mA 的剩余电流保护装置，可防止由于施工及维护过程中不慎损坏灯具而触电，例如金属管道搬运过程可能破坏灯具并将管道与灯具电源处接触，设置剩余电流保护装置能防止此类意外触电事故的发生。应急照明回路不得设置剩余电流保护装置。

13.6 监控与报警系统

13.6.4 根据要求需要进行每小时通风次数，只有控制输出，没有实际的反馈，这样就不知道真实的情况是否进行了通风，所以通过传感器进行现场实际通风的监测和反馈。

燃气舱一般不安装阀门，如需安装则应是电动阀，安装的位置可能存在泄漏，因此需要安装甲烷传感器。根据《石油化工可燃气体和有毒气体检测报警设计规范》GB 50493—2009中第 4.2.2 条："可燃气体释放源处于封闭或局部通风不良的半敞开厂房内，每隔 15 m 可设一台检（探）测器，且检（探）测器距其所覆盖范围内的任一释放源不宜大于 7.5 m。有毒气体检测器距释放源不宜大于 1 m。"

因传感器数量多，安装环境属于潮湿环境、安装的位置也比较低，因此采用低压供电可以减少触电危险和 220 VAC 供电可能带来的火灾安全隐患。

如果超过 25%LEL 就说明了浓度过大，已经通过通风不能降低气体的浓度了，为了安全需要切断所有的非本质安全电源以确保消除爆炸成因，也切断气源，但切断气源的时间比较长（如电动阀门的执行时间或者人工确认后再手动切断），同时管内的压力及容量关系其释放的时间也很长，为确保安全建议是同时切断电源及气源。

参照《煤矿安全规程》（2016 版）："第四百九十八条 甲烷传感器（便携仪）的设置地点，报警、断电、复电浓度和断电范围必须符合表 18 的要求。"该条详细规定了各处的断电要求，明确了需要断电，断电可以很快消除爆炸的条件。

根据《密闭空间作业职业危害防护规范》GBZ/T 205—2007中第 6.1.2.2："密闭空间空气中可燃气体浓度应低于爆炸下限的 10%"，因此进入管廊工作时的甲烷浓度不应大于 10%LEL，否则就应该切断插座的电源。

13.6.5 独立通信系统是指通信线路和设备不与其他系统共用。

13.6.6 综合管廊涉及的系统和控制的设备比较多，为避免信息孤岛，需要进行信息集成，在一个平台下进行统一的管理和调度，同时也留有接口和上级主管及相关的管理单位进行互联互通。

13.6.7 在综合管廊中已经设置了定点的传感器、摄像头，但是定点摄像头、传感器间的距离约 100～200 m，在点与点之间存在许多监控死角，用移动式巡检系统可以弥补监控死角的缺陷。人工巡检劳动强度大、环境恶劣、存在严重的人身安全隐患，在条件许可时，用全自动的巡检机器人代替人工巡检，可减少对人员的工作量，降低运营人工成本。用人工巡检，只能填写一些简单的报表，自动巡检可以采集大量的数据，这些数据可用于云存储、云计算、大数据库分析，将会给智慧城市管理提供宝贵的基础数据。

13.7 排水系统

13.7.1 综合管廊内的排水系统主要满足排出综合管廊的结构及管道渗漏水、管道检修放空水的要求，未考虑管道爆管或消防情况下的排水要求。

13.7.3 综合管廊每个防火分区不能通过排水沟和管道直接连通，因此规定每个防火分区宜单独设置集水坑，当不同防火分区共用一个集水坑时，应考虑措施防止不同防火分区相互蹿火和蹿烟。

13.7.4 为了将水流尽快汇集至集水坑，综合管廊内采用有组织的排水系统。一般在综合管廊的双侧设置排水明沟，综合考虑道路的纵坡设计和综合管廊埋深，排水明沟的纵向坡度不宜小于 0.2%。

13.7.5 在大雨季节雨水口可能处于满流状态，综合管廊排出管接入雨水口会出现倒灌现象，故不应接入雨水口。

13.8 标识系统

13.8.1 综合管廊的人员主出入口一般情况下指控制中心与综合管廊直接连接线的出入口，在靠近控制中心侧，应当根据控制中心的空间布置，布置合适的介绍牌，对综合管廊的建设情况进行简要的介绍，以利于综合管廊的管理。

13.8.2 综合管廊内部容纳的管线较多，管道一般按照颜色区分或每隔一定距离在管道上标识管道名称。电（光）缆一般每隔一定间距设置铭牌进行标识。同时针对不同的设备应有醒目的标识。管道识别色可按管道识别色表 5 中的规定执行。

表 5　综合管廊管道识别色表

管道名称	颜　色
给水管道	草绿色（GY04）
再生水管道	天蓝色（PB09）
天然气管道	淡黄色（Y06）
热水介质热力管道	海灰色（B05）
蒸汽介质热力管道	玫瑰红色（RY03）
污水管道	黑色（N-1.0）
雨水管道	淡棕色（YR01）
消防管道	大红色（R02）

13.9　安全与防范系统

13.9.5　电子巡更系统的网络应不和监控系统的以太网络共用，因为视频网络的数据流量大会影响监控数据的稳定性。

13.10　综合管理中心

13.10.1　一般根据综合管廊的类型、规模、管理方式等确定综合管理中心的规模和其各个辅助用房的组成。

13.10.2　综合管理中心有重要的控制设备，每天有工作人员值班，应有良好的通风、采光要求。

13.10.4　综合管理中心是控制和管理综合管廊的重要功能房间，有相应的安全和消防要求，监控中心的门窗应为向外开启的乙级防火门窗。综合管理中心与管廊之间应设置耐火极限不低于 2.0 h 的防火隔墙和乙级防火门进行分隔。

13.10.5 本监控中心的中断不会引起灾害和社会问题，因此可列入 C 级。

14 施工与验收

14.1 一般规定

14.1.1 综合管廊工程的施工与质量验收涉及各专业工种。总承包施工单位、监控单位应根据项目按国家现行施工质量验收规范编制针对性强的施工前、施工中、施工后的质量控制要求文件。应建立健全的安全管理体系，质量管理体系，材料进场控制、材料现场复检及质量检验制度，确保项目的施工与质量验收合格。

14.1.6 综合管廊一般建设在城市的中心地区，同时涉及的范围线长面广，施工组织和管理的难度大。为了保证顺利施工，应当对施工现场、地下管线和构筑物等进行详尽的调查，并了解施工临时用水、用电的供给情况。

14.2 明挖法结构

14.2.3 通过基坑监测可以及时掌握支护结构的受力和变形状态、基坑周边受保护对象的变形状态是否在正常设计状态之内，便于在出现异常时采取应急措施。基坑监测是预防不测，保证支护结构和周边环境安全的重要手段。支护结构的水平位移和基坑周边建筑物的沉降能直观、快速地反应支护结构的受力、变形状态及对环境的影响程度。

14.3 盾构法和顶管法结构

14.3.1 本条中的特殊地段指：浅覆土层施工地段、小半径曲线施工地段、穿越地下管线地段施工地段、地下障碍物、穿越建（构）筑物施工地段、小净距综合管廊施工地段、穿越运营综合管廊施工地段、穿越江河施工地段等。

14.3.2 盾构机选型具体依据地质条件建议如下：

地层渗透系数：当地层的透水系数小于 1×10^{-7} m/s 时，可以选用土压平衡盾构；当地层的渗水系数在 1×10^{-7} m/s ～ 1×10^{-4} m/s 时既可以选用土压平衡盾构也可以选用泥水式盾构；当地层的透水系数大于 1×10^{-4} m/s 时，宜选用泥水盾构。

地层颗粒级配：土压平衡盾构适应淤泥黏土地层，泥水盾构适用卵石砾石粗砂地层，粗砂、细砂地层可使用泥水盾构，经土质改良后也可使用土压平衡盾构。

地下水压力：当水压大于 0.3 MPa 时，适宜采用泥水盾构，如因地质原因需采用土压平衡盾构，则需增大螺旋输送机的长度，或采用二级螺旋输送机。

除了地质条件以外，盾构机选型的制约条件还有很多，如工期、造价、环境因素、基地条件等。

14.3.10 综合管廊轴线控制标准参考地铁盾构隧道的标准确定。

14.3.11 成型综合管廊验收时，发现有本条所指质量问题必须采取可行的技术措施修补或加强处理，修补或加强处理方案需经业主和设计单位认可。

14.4　矿山法结构

14.4.1　洞室的开挖方式有:(1)全断面开挖方式,断面一次开挖成形,掘进速度快;(2)台阶开挖方式,分为长台阶、短台阶、超短台阶开挖方式:(3)分部开挖方式,分为弧形、单侧壁导坑、双侧壁导坑开挖方式;(4)无论采用哪种开挖方式,均宜在初期支护变形基本稳定后,再灌注二次衬砌。

14.4.2　采用钻爆法开挖时,为改善爆破效果,应采用光面爆破和预裂爆破技术。一般情况下,中硬岩以上岩石宜采用光面爆破,软岩宜采用预裂爆破。

14.4.3　为了掌握施工中围岩稳定程度与支护受力、变形的力学动态或信息,以判断设计、施工的安全性与经济性,洞室开挖后应按照设计要求和现场实际情况立即布点并进行监测,及时将监测数据和意见建议提交给设计、施工等单位,从而达到反馈设计、指导施工的目的。

14.4.7　量测数据及回归分析结果为施工决策提供了依据。在施工过程中,应根据量测数据处理结果,调整和优化施工方案及工艺,如有必要,应及时向有关单位提出变更建议。

14.4.8　由于岩体结构的复杂性和多样性,围岩稳定性的判断比较复杂,围岩稳定性判断必须结合具体工程情况,根据所测得的位移量或回归分析所得的最终位移量、位移速度及其变形趋势、管廊埋深、开挖断面、围岩等级、支护所受的压力、应力应变等进行综合分析判断。

14.4.9　开挖应按设计要求作业,原则上不应欠挖。但在完整的硬岩及中硬岩层中开挖时,由于岩面硬度较大,往往造成个别部位欠挖，如采取补炮，则势必造成较大的超挖，浪费工料，且二次扰动围岩。

14.4.10 管廊洞室开挖总不免会有超挖。超挖量随岩质、裂缝状况、开挖方式和方法等而不同，不仅因出碴量和衬砌量增多而提高工程造价，而且由于局部挖掉围岩会产生应力集中问题，因此应尽量减少超挖量。表 14.4.10 中拱部允许超挖比边墙、仰拱、隧底较多，是考虑到拱部钻眼方向难于掌握，故稍微放宽。不同类别的围岩中，拱部的允许超挖值规定稍有不同，是考虑到围岩的完整性及软弱性不同。

15 维护管理

15.1 维 护

15.1.2 综合管廊容纳的工程管线为城市生命线，且管线构成复杂、结构耐久性要求高，管理的专业性和综合性强，应由专业单位实施日常管理和维护。